Zur Theorie der Schur-Ringe
über endlichen Gruppen

Martin Lowsky

Zur Theorie der Schur-Ringe
über endlichen Gruppen

Untersuchungen an zweiseitigen Nebenklassenringen

und CS-Untergruppen

Bibliografische Information der Deutschen Nationalbibliothek
Die Deutsche Nationalbibliothek verzeichnet diese Publikation in der
Deutschen Nationalbibliografie; detaillierte bibliografische Daten sind
im Internet über http://dnb.dnb.de abrufbar.

2., revidierte Auflage

Die 1. Auflage erschien unter dem Titel
Über G//H-Normalteiler und CS-Untergruppen
in endlichen Gruppen
1975 als Dissertation am Fachbereich Mathematik
der Universität Tübingen

Satz, Herstellung und Verlag: BoD – Books on Demand, Norderstedt
ISBN 978-3-7504-4491-1

Inhalt

Einleitung

»Die Mathematik ist nur das Mittel der
allgemeinen und letzten Menschen-
kenntnis.«
(Friedrich Nietzsche: Die fröhliche
Wissenschaft; 1882)

»Das Konkrete ist das Abstrakte, an das
man sich schließlich gewöhnt hat.«
(Laurent Schwartz: Un Mathématicien
aux prises avec le siècle, 1997)

In dieser Arbeit wird die Theorie der Schur-Ringe eingesetzt, um
zweiseitige Nebenklassenringe in endlichen Gruppen zu untersuchen
und dabei Zusammenhänge zwischen der Struktur einer Gruppe und den
Strukturen ihrer zweiseitigen Nebenklassenringe aufzuzeigen. Manche
Nebenklassenringe haben im Sinne der Schur-Ring-Theorie eine besondere Eigenschaft; die hier zugehörigen Untergruppen, die sog. CS-
Untergruppen, sind ebenfalls ein Thema dieser Arbeit.

G//H bezeichnet den zweiseitigen Nebenklassenring der Gruppe G
bezüglich ihrer Untergruppe H.

*

Die zweiseitigen Nebenklassenringe sind ein Spezialfall der von
HELMUT WIELANDT (1910–2001) im Jahre 1949 definierten Schur-
Ringe: Ein Unterring des Gruppenringes einer endlichen Gruppe G heißt
ein Schur-Ring T über G, wenn eine Zerlegung von G in paarweise
disjunkte Klassen existiert, die invariant bezüglich der Inversenbildung
ist, so dass T von den (im Gruppenring gebildeten) Klassensummen
linear aufgespannt wird. Der Begriff hat eine längere Geschichte. Er
geht zurück auf eine von ISSAI SCHUR (1875–1941) geschaffene

Methode zur Erforschung endlicher Permutationsgruppen mit regulärer Untergruppe. Diese Methode wurde von WIELANDT ab 1949 beträchtlich weiterentwickelt.

Neuerdings, im Jahre 2018, haben NICHOLAS BASTIAN et al. den Begriff Schur-Ring so erweitert, dass er sogar für unendliche Gruppen anwendbar ist.

OLAF TAMASCHKE benutzte die Schur-Ringe anfangs ebenfalls zur Untersuchung von Permutationsgruppen, löste sie aber später, ab dem Jahre 1964, aus diesem Kontext, indem er sie als eigenständige mathematische Struktur – als die ›Kategorie der Schur-Ringe‹ – auffasste. Ein Leitgedanke dabei war, die Theorie der Schur-Ringe als eine Verallgemeinerung der Theorie der endlichen Gruppen zu verstehen. TAMASCHKE bewies – siehe insbesondere seine Monografie zu diesem Thema (Eintrag [20] in unserem Literaturverzeichnis) – den Homomorphiesatz, die Isomorphiesätze und einen Jordan-Hölder-Satz für Schur-Ringe. Außerdem entwickelte er eine verallgemeinerte Charakterentheorie für Schur-Algebren (dieser Begriff analog zum Begriff Gruppen-Algebra verstanden). Diese Theorie verbindet, ähnlich wie die Darstellungstheorie für Schur-Algebren von FRIEDRICH ROESLER, Ergebnisse über Gruppen mit Untersuchungen an Algebren. TAMASCHKEs kategorielle Ausformung der Theorie der Schur-Ringe ebnete auch den weiteren Weg für ihre Verwendung in der Gruppentheorie.

*

In der erwähnten Charakterentheorie für Schur-Ringe treten gegenüber der Charakterentheorie für endliche Gruppen Defizienzen auf. Zwar definieren für einen Schur-Ring die erweiterten Charaktere, die sog. T-Charaktere, in natürlicher Weise eine Äquivalenzrelation auf G – analog der Konjugiertheitsrelation im Falle des Gruppenringes –, doch die zugehörigen Äquivalenzklassen, T-Konjugiertenklassen genannt, liefern, indem man die Klassensummen bildet, nicht zwangsläufig Elemente aus dem Zentrum des Schur-Ringes. Ist jedoch das Zentrum Z(T) eines Schur-Ringes T selbst ein Schur-Ring, so sind die T-Konjugiertenklassensummen im Zentrum des Schur-Ringes enthalten, und die T-Konjugiertenklassen spannen den Schur-Ring Z(T) auf; ferner ist dann die Anzahl der T-Charaktere gleich der Anzahl der T-Konjugierten-klassen, und das Produkt von je zwei T-Charakteren ist eine Linear-kombination von T-Charakteren. 1970 hat TAMASCHKE Schur-Ringe, die diese Eigenschaften besitzen – sie haben sich als paarweise äquivalent erwiesen –, CS-Ringe genannt. Ist der zweiseitige Nebenklassenring bezüglich einer Untergruppe ein CS-Ring, so heißt diese Untergruppe entsprechend eine CS-Untergruppe. Das II. Kapitel dieser Arbeit befasst sich mit CS-Untergruppen.

Die CS-Eigenschaft einer Untergruppe ist eine Verallgemeinerung der Normalität, doch sind CS-Untergruppen viel schwerer zugänglich als die sonst bekannten Verallgemeinerungen des Normalteilers. Erstaunlicher-weise gelten nicht alle wünschenswerten Vererbungseigenschaften: Ist eine Untergruppe H eine CS-Untergruppe der Gruppe G und ist U eine Untergruppe von G, die H enthält, so ist nicht notwendig H eine CS-Untergruppe von U (Abschnitt 10). Der Zusammenhang zwischen der Struktur einer Gruppe und der Existenz von CS-Untergruppen ist schwierig zu erfassen. Immerhin lassen sich unter zusätzlichen Voraus-setzungen – die fraglichen Untergruppen seien von minimaler Ordnung – Aussagen machen. Etwa muss eine CS-Untergruppe von der Ordnung 2 eine spezielle Lage in der Gruppe haben; insbesondere hat eine einfa-che Gruppe keine CS-Untergruppe der Ordnung 2 (Abschnitt 8).

Liefert eine Untergruppe einen kommutativen zweiseitigen Neben-klassenring, so ist sie trivialerweise eine CS-Untergruppe. Daher sind die Untersuchungen an solchen kommutativen Ringen Bausteine für die Erforschung der CS-Untergruppen (Abschnitt 7).

*

Ein anderer Begriff, der ebenfalls mit dem Zentrum eines Schur-Ringes verbunden ist, ist der des T-Normalteilers. Nach TAMASCHKE heißt eine Untergruppe K von G ein T-Normalteiler, wenn die Summe der Ele-mente von K im Zentrum des Schur-Ringes T über G liegt. Ist T der Gruppenring, so sind die T-Normalteiler genau die Normalteiler im übli-chen Sinne. Im 1. Kapitel werden G//H-Normalteiler behandelt, d. h. T-Normalteiler in dem Spezialfall, dass T ein zweiseitiger Nebenklassen-ring ist. Wir ermitteln Bedingungen dafür, dass ein G//H-Normalteiler das Produkt von H mit einem Normalteiler ist. Dabei wird ein anderes

Problem berührt: Zwar ist das Erzeugnis zweier T-Normalteiler wieder ein T-Normalteiler, nicht aber ist ihr Durchschnitt notwendig ein T-Normalteiler, wie ein Beispiel von ANGELIKA [WÖRZ-]BUSEKROS dargelegt hat. Wir geben eine Reihe von Fällen an, wo die G//H-Normalität bei der Durchschnittsbildung erhalten bleibt (Abschnitte 2 und 3).

Ist die Untergruppe H sogar eine CS-Untergruppe, so ist der Durchschnitt zweier G//H-Normalteiler stets ein G//H-Normalteiler. Von daher wird der Begriff des G//H-Normalteilers ein sehr nützliches Hilfsmittel bei der Untersuchung von CS-Untergruppen (Abschnitte 7 und 8).

Herrn Professor TAMASCHKE, meinem akademischen Lehrer, danke ich herzlich für seine Anregungen und Beratungen.

Biografische Notiz: ISSAI SCHUR wurde 1875 in Mogiljew am Dnjepr (Russland, heute Weißrussland) geboren. Er hatte ab 1921 einen Lehrstuhl für Mathematik an der Universität Berlin inne und hat auch in Bonn und Zürich gelehrt. Er war Schüler von GEORG FROBENIUS, seine Schüler waren RICHARD BRAUER, EBERHARD HOPF, WOLFGANG HAHN, HELMUT WIELANDT u. a. Seine Vorlesungen waren nach allgemeinem Urteil kristallklar, in seinen Einführungsveranstaltungen saßen oft über 400 Hörer. Der Neudruck von SCHURs Abhandlungen (*Gesammelte Abhandlungen,* 1973) umfasst 1500 Seiten.
Wegen seiner jüdischen Herkunft wurde ihm 1933 teilweise, 1935 gänzlich die Lehrtätigkeit untersagt; 1938 verbot man ihm die wissenschaftlichen Kontakte. Er starb 1941 in Tel Aviv. Sein Grab befindet sich dort auf dem Trumpeldor-Friedhof.

Tübingen, Oktober 1974 / Kiel, Oktober 2019   M. L.

Hinweis: Für die Seiten 1–85 wurden die Druckvorlagen der 1. Auflage verwendet, die an mehreren Stellen überarbeitet worden sind.

Bezeichnungen

Stets sei G eine endliche Gruppe und H eine Untergruppe von G. Mit 1 werde das Einselement und auch die
Einsuntergruppe einer Gruppe bezeichnet. Unter Darstellungen seien Darstellungen über dem Körper $\mathbb{C}$ der komplexen Zahlen verstanden. Darstellungen einer Gruppe G
werden mittels linearer Fortsetzung auch als Darstellun-
gen der Gruppenalgebra $\mathbb{C}$G über $\mathbb{C}$ aufgefaßt. $\mathbb{Z}$ bezeichne
den Ring der ganzrationalen Zahlen und $\mathbb{Z}$G den Gruppen-
ring von G über $\mathbb{Z}$.

Für jede Teilmenge M von G setzen wir

$$\underline{M} := \sum_{m \in M} m \in \mathbb{Z}G .$$

Mit G//H bezeichnen wir den zweiseitigen Nebenklassenring

$$\left\{ \sum_{g \in G} a_g \underline{HgH} \mid a_g \in \mathbb{Z} \right\}$$

von G bezüglich H.

Wir verwenden die üblichen Schreibweisen und Bezeich-
nungen, wie sie etwa in [7] zu finden sind. Die wichtigsten von ihnen, sowie einige weitere in dieser
Arbeit benutzten sind:

$H \leqq G$	H ist eine Untergruppe von G
$H \trianglelefteq G$	H ist ein Normalteiler von G
$\Phi(G)$	die Frattinigruppe von G
Z(G), Z(R)	das Zentrum der Gruppe G, des Ringes R
k(G)	die Anzahl der Konjugiertenklassen von G

$O_{2'}(G)$	der größte Normalteiler von ungerader Ordnung von G
$O_2(G)$	der größte Normalteiler von 2-Potenzordnung von G
$O_{2',2}(G)$	der vermöge $O_{2',2}(G)/O_{2'}(G) = O_2(G/O_{2'}(G))$ definierte Normalteiler von G
$Z^*(G)$	der vermöge $Z^*(G)/O_{2'}(G) = Z(G/O_{2'}(G))$ definierte Normalteiler von G
$\mathcal{N}_G(H)$	der Normalisator der Untergruppe H in G
$\mathcal{C}_G(H)$	der Zentralisator der Untergruppe H in G
$\mathcal{C}_G(g)$	der Zentralisator des Elementes g in G
H_G	der normale Kern von H in G
H^G	die normale Hülle von H in G
$\mathcal{C}_{G//H}(g)$	die G//H-Konjugiertenklasse, die das Element g von G enthält (siehe 5.3)
$\text{Ord}(g)$	die Ordnung des Elementes g von G
1_G	der Eins-Charakter von G
$\chi\mid_H$	die Einschränkung des Charakters χ von G auf die Untergruppe H
1_H^G	der vom Eins-Charakter von H induzierte Charakter von G
(χ, γ)	das Skalarprodukt der Charaktere χ und γ von G
$n \mid m$	n ist ein Teiler von m (n, m $\in \mathbb{Z}$)
$n \nmid m$	n ist kein Teiler von m (n, m $\in \mathbb{Z}$)
(n, m)	der größte gemeinsame Teiler der natürlichen Zahlen n und m

I. ÜBER G//H-NORMALTEILER,
DIE DAS PRODUKT VON H MIT EINEM NORMALTEILER SIND

1. Der Begriff des G//H-Normalteilers – Definition und elementare Eigenschaften

In diesem Abschnitt wird der Begriff des G//H-Normalteilers vorgestellt. Er läßt sich sowohl gruppen- als auch ringtheoretisch definieren. Die wichtigsten Eigenschaften werden in knapper Form zusammengestellt.

1.1 Definition ([20], 5.4).

Sei K eine Untergruppe von G. K heiße G//H-normal in G oder ein G//H-Normalteiler von G, wenn H in K enthalten ist und für alle $g \in G$ die Gleichung

$$K = H(K \cap K^g) \qquad \text{gilt.}$$

Man sieht leicht, daß dies gleichwertig ist mit KgH = HgK und ebenso mit $\underline{K}$ HgH = HgH $\underline{K}$ für alle $g \in G$ (vgl. [20], 5.13). Die letztere Aussage bedeutet, daß $\underline{K} \in Z(G//H)$.

Die G//H-Normalteiler spielen also eine 'zentrale' Rolle im zweiseitigen Nebenklassenring G//H. Die G//1-Normalteiler sind genau die gewöhnlichen Normalteiler.

Sind K und L zwei G//H-Normalteiler von G, so ist
ihr Erzeugnis $\langle$ K, L $\rangle$ = KL = LK ebenfalls G//H-normal
([16], 3.5). Der Durchschnitt K∩L ist jedoch nicht
notwendig G//H-normal, wie A. BUSEKROS an einem Gegenbeispiel ([4], 1.18) gezeigt hat; ein Gegenbeispiel in
2-Gruppen werden wir in 4.8 anführen. Ist die Menge
der G//H-Normalteiler abgeschlossen bezüglich der Bil-
dung von Durchschnitten, so stellt sie einen modularen
Teilverband des Untergruppenverbandes von G dar. Dies
ist stets der Fall, wenn der zweiseitige Nebenklassenring G//H kommutativ ist, denn dann sind die G//H-
Normalteiler genau diejenigen Untergruppen von G, die
H enthalten ([16], 3.8). Im 2. und 3. Abschnitt dieser
Arbeit werden wir weitere Beispiele angeben, wo die
Menge der G//H-Normalteiler einen Verband bilden.

Die Vererbungseigenschaften des Begriffs des G//H-
Normalteilers beim Übergang zu Untergruppen und Faktorgruppen werden durch das folgende Lemma beschrieben.

1.2 <u>Lemma.</u>
 Sei K ein G//H-Normalteiler von G.
 a) ([16], 3.11) Ist K ≤ L ≤ G, so ist K ein L//H-
Normalteiler von L.
 b) ([20], 5.9) Ist H ≤ L ≤ G, so ist KL = LK ein
G//L-Normalteiler von G.
 c) ([20], 6.8) Ist N ⊴ G, so ist KN/N ein
(G/N)//(HN/N)-Normalteiler von G/N.

Überaus nützlich in unseren weiteren Untersuchungen ist die folgende fast triviale Aussage.

1.3 Lemma.

Sei K ein $G//H$-Normalteiler von G. Für alle $g \in G$ gilt $H^g \leq K$ genau dann, wenn $g \in \mathcal{N}_G(K)$. Insbesondere ist ([16], 3.13):

$$\mathcal{N}_G(H) \leq \mathcal{N}_G(K) .$$

Beweis. Ist $g \in \mathcal{N}_G(K)$, so ist $H^g \leq K^g = K$. Sei nun $H^g \leq K$. Da K $G//H$-normal ist und $H \leq K^{g^{-1}}$, folgt

$$K = H(K \cap K^{g^{-1}}) = K \cap K^{g^{-1}} ,$$

also $g \in \mathcal{N}_G(K)$, w.z.b.w.

1.4 Hilfssatz.

Sei $H \leq K \leq G$. Gleichwertig sind:

(i) K ist $G//H$-normal.

(ii) Aus $M \leq G$ und $HM = MH$ folgt $KM = MK$.

Beweis. (i) $\Rightarrow$ (ii): Sei $M \leq G$ mit $HM = MH$. Dann ist

$$\underline{HM} = \underline{HMH} \in G//H .$$

Da K $G//H$-normal ist, gilt $\underline{K} \in Z(G//H)$ und damit

$$K \cdot HM = HM \cdot K .$$

Es folgt $KM = KHM = HMK = MHK = MK$.

(ii) $\Rightarrow$ (i): Wählt man für M zweiseitige Nebenklassen von G bezüglich H, so folgt aus (ii) für alle $g \in G$

$$KgH = K \cdot HgH = HgH \cdot K = HgK .$$

Hieraus folgt leicht ([20], 5.13), daß $K = H(K \cap K^g)$ gilt. Also ist K $G//H$-normal, w.z.b.w.

Eine Untergruppe H von G heißt <u>quasinormal</u> in G, wenn sie mit allen Untergruppen von G vertauschbar ist. Sie heißt <u>pronormal</u> in G, wenn für alle $g \in G$ die Gruppen H und H^g in ihrem Erzeugnis $\langle H, H^g \rangle$ konjugiert sind.

1.5 Lemma.

Sei K ein G//H-Normalteiler von G.

a) ([16], 3.7) Ist H normal in G, so ist K normal in G.

b) Ist H subnormal in G, so ist K subnormal in G.

c) Ist H quasinormal in G, so ist K quasinormal in G.

d) Ist H pronormal in G, so ist K pronormal in G.

<u>Beweis.</u> a) folgt aus 1.3.

b) Sei o.B.d.A. H < G. Da H subnormal in G ist, existiert ein Subnormalteiler U von G, so daß $H \triangleleft U$. Aus 1.3 folgt

$$U \leq \mathcal{N}_G(H) \leq \mathcal{N}_G(K).$$

Nach 1.2 b) ist UK ein G//U-Normalteiler von G. Da $|G : U| < |G : H|$, kann vermöge einer Induktionsvoraussetzung UK als subnormal in G angenommen werden. Da $K \trianglelefteq UK$, folgt nun die Behauptung.

c) Dies ergibt sich aus 1.4, indem man dort für M Untergruppen von G wählt.

d) Sei $g \in G$. Da H pronormal in G ist, existiert ein $x \in \langle H, H^g \rangle$, so daß $H^{gx} = H$ gilt. Aus 1.3 folgt

$$K^{gx} = K.$$

Also sind K und K^g konjugiert in $\langle K, K^g \rangle$. Hieraus folgt die Behauptung.

Man sieht leicht, daß jede normale Untergruppe von
G, die H enthält, G//H-normal ist. Wir notieren einen
Fall, wo auch die Umkehrung gilt.

1.6 Lemma.

Sei K ein G//H-Normalteiler von G.

a) Ist $H \leq \Phi(K)$, so ist $K \trianglelefteq G$.

b) Ist $H < K$, und ist K zyklisch und von Primzahl-
potenzordnung, so ist $K \trianglelefteq G$ und $H \trianglelefteq G$.

Beweis. a) Da $H \leq \Phi(K)$, existiert zu H kein von K
verschiedenes Supplement in K. Aus $K = H(K \cap K^g)$ für
alle $g \in G$ folgt $K \cap K^g = K$ für alle $g \in G$, also $K \trianglelefteq G$.

b) Unter den Voraussetzungen von b) gilt $H \leq \Phi(K)$.
Also ist $K \trianglelefteq G$ nach a). Da K zyklisch und von Primzahl-
potenzordnung ist, gilt $H \trianglelefteq G$, w.z.b.w.

2. G//H-Normalteiler
bezüglich einer Hallschen Untergruppe H

Wenn die Untergruppe K = HN von G das Produkt von H
mit einem Normalteiler N von G ist, so ist K G//H-
normal, denn K hat dann nicht nur die Eigenschaft

$$K = H(K \cap K^g) \text{ für alle } g \in G,$$

sondern es gilt sogar

$$K = HK_G = H \bigcap_{g \in G} (K \cap K^g) .$$

Wir werden in diesem und den beiden folgenden
Abschnitten nach Voraussetzungen suchen, unter denen
ein G//H-Normalteiler dieser starken Bedingung genügt.
Motiviert wird unsere Suche dadurch, daß solche G//H-
Normalteiler, die das Produkt von H mit einem Normalteiler sind, eine besonders naheliegende Verallgemeinerung des Normalteilerbegriffs sind. Besonderes
Interesse kommt dabei dem in diesem Abschnitt behan-
delten Fall zu, daß H eine Hallgruppe von G ist. Wenn
nämlich H eine Hallgruppe einer auflösbaren Gruppe G
ist, und alle G//H-Normalteiler von der gewünschten
speziellen Gestalt sind, so bildet die Menge der
G//H-Normalteiler von G einen Verband (2.5).

2.1 Hilfssatz.

Sei $H \leq K \leq G$. Gleichwertig sind:

(i) Es existiert $N \trianglelefteq G$, so daß $K = HN$.

(ii) Es existieren $T \leq G$ und $S \trianglelefteq T$, so daß $G = HT$
und $K = HS$.

Ist zusätzlich K auflösbar und H eine Hallgruppe von
K, und ist K^* ein Komplement zu H in K, so ist außerdem hierzu gleichwertig:

(iii) $G = H \mathcal{N}_G(K^*)$.

Beweis. (i) $\Rightarrow$ (ii): Man setze $T = G$, $S = N$.

(ii) $\Rightarrow$ (i): Seien S, T wie in (ii). Für alle $t \in T$
gilt $S = S^t \leq K^t$. Da $G = HT$ und $K^h = K$ für alle $h \in H$,
folgt

$$S \leq K^g \text{ für alle } g \in G.$$

Somit ist $K = HS \leq HK_G \leq K$. Also gilt $K = HK_G$, und (i) ist erfüllt.

Sei nun K auflösbar, H eine Hallgruppe von K und K^* ein Komplement zu H in K.

(i) $\Rightarrow$ (iii): Da $N \trianglelefteq K$, ist K^* eine Hallgruppe von N. Das Frattini-Argument für auflösbare Gruppen (vgl. [7], I, 7.8) liefert

$$G = N \, \mathscr{N}_G(K^*).$$

Also ist $H \, \mathscr{N}_G(K^*) = K \, \mathscr{N}_G(K^*) \supseteq N \, \mathscr{N}_G(K^*) = G$, woraus (iii) folgt.

(iii) $\Rightarrow$ (ii): Man setze $T = \mathscr{N}_G(K^*)$ und $S = K^*$.

π bezeichne im folgenden eine Menge von Primzahlen, π' sei das Komplement zu π in der Menge aller Primzahlen. Bekanntlich ([7], III, 5.5, 5.6) sagt man, in G gelte der π-Sylowsatz, wenn G eine π-Hallgruppe U besitzt, und für jede π-Untergruppe V von G ein $g \in G$ existiert, so daß $V^g \leq U$ gilt.

2.2 Satz.

Sei $K \leq G$, und in K gelte der π-Sylowsatz. Ferner besitze K eine π'-Hallgruppe H. Sei K^* eine π-Hallgruppe von K, und sei R ein Repräsentantensystem für die Rechtsnebenklassen von H bezüglich $H \cap \mathscr{N}_G(K^*)$. Dann sind gleichwertig:

(i)   K ist G//H-normal.

(ii) $G = H \mathcal{N}_G(K^*) H$.

(iii) $G = R^{-1} \mathcal{N}_G(K^*) R$.

<u>Beweis.</u> (i) $\Rightarrow$ (iii): Da $K = HK^*$, ist R auch ein Re-
präsentantensystem für die Rechtsnebenklassen von K
bezüglich $\mathcal{N}_K(K^*) = K^*(H \cap \mathcal{N}_G(K^*))$. Weil K^* eine π-
Hallgruppe von K ist und in K der π-Sylowsatz gilt,
sind die π-Hallgruppen von K genau die Untergruppen
von der Form K^{*r} mit $r \in R$.

Sei $g \in G$. Dann sind die π-Hallgruppen von K^g demnach
genau die Untergruppen von der Form K^{*rg} mit $r \in R$.
Aus (i) folgt $K = H(K \cap K^g)$, also
$$|K^*| \mid |K \cap K^g|.$$
Daher existieren $r, s \in R$, so daß
$$K^{*r} = K^{*sg}.$$
Somit ist $sgr^{-1} \in \mathcal{N}_G(K^*)$,   und damit $g \in R^{-1}\mathcal{N}_G(K^*) R$.
Hieraus folgt (iii).

(iii) $\Rightarrow$ (ii): Dies folgt aus $R \subseteq H$.

(ii) $\Rightarrow$ (i): Sei $g \in G$. Nach (ii) existieren $h, h' \in H$
und $u \in \mathcal{N}_G(K^*)$, so daß $g = huh'$. Wegen $K^{*h^{-1}} \leq K$ gilt
$$K^{*h'} = K^{*uh'} = K^{*h^{-1}g} \leq K^g,$$
also $K^{*h'} \leq K^g \cap K$. Somit ist $H(K \cap K^g) \supseteq HK^{*h'} = K$,
und K ist G//H-normal, w.z.b.w.

Wenn die Voraussetzungen von 2.2 erfüllt sind und
K G//H-normal ist, so liefert 2.2 (ii) eine Darstellung
von G als Produkt von drei Untergruppen. Dies zeigt,

daß die Existenz von G//H-Normalteilern Auswirkungen
auf die Struktur der Gruppe G hat. Die Frage, wann
einer dieser Faktoren überflüssig ist, wann also statt
2.2 (ii) sogar $G = H \mathcal{N}_G(K^*)$ gilt, fällt wegen 2.1 (i),
(iii) mit dem eingangs genannten Problem zusammen, wann
K das Produkt von H mit einem Normalteiler ist. Dadurch
haben wir einen neuen Zugang zu unserem Problem gewonnen, auf den wir später (siehe den Beweis von 2.8) zu-
rückkommen werden.

Da in auflösbaren Gruppen für alle Primzahlmengen π
die π-Sylowsätze gelten, folgt aus 2.2 unmittelbar:

2.3 Korollar.

Sei K eine auflösbare Untergruppe von G, und sei H
eine Hallgruppe von K. Sei K^* ein Komplement zu H in K.
Dann sind gleichwertig:

(i) K ist G//H-normal.

(ii) $G = H \mathcal{N}_G(K^*) H$.

Unter den Voraussetzungen von 2.3 gilt 2.3 (i) sicher
dann, wenn K ein Normalteiler von G ist. 2.3 (ii) liefert
in diesem Fall
$$G = H\mathcal{N}_G(K^*)H = K\mathcal{N}_G(K^*)K = K\mathcal{N}_G(K^*) .$$
Das Frattini-Argument für auflösbare Gruppen (vgl. [7],
I, 7.8) ist also ein Spezialfall von 2.3.

2.4 Lemma.

Sei H eine π-Untergruppe von G, und sei $H \leq K \leq G$.

a) K sei G//H-normal und besitze eine normale π'-Hallgruppe M. Dann ist M ein Normalteiler von G.

b) Sei G nilpotent. Sei P die π-Hallgruppe von G. Dann ist K G//H-normal genau dann, wenn die π-Hallgruppe $K_\pi = K \cap P$ von K P//H-normal und die π'-Hallgruppe $K_{\pi'}$ von K normal in G ist. Insbesondere gilt:

Eine Untergruppe von P, die H enthält, ist G//H-normal genau dann, wenn sie P//H-normal ist.

Die G//H-Normalteiler von G bilden einen (modularen) Teilverband des Untergruppenverbandes von G genau dann, wenn die P//H-Normalteiler von P einen Teilverband des Untergruppenverbandes von P bilden.

Beweis. a) Sei $g \in G$. Aus der G//H-Normalität von K folgt $K = H(K \cap K^g)$. Da $(|H|, |M|) = 1$, ist $|M| \big| |K \cap K^g|$. Also ist M eine normale π'-Hallgruppe von $K \cap K^g$, und damit auch von K_G. Hieraus folgt die Behauptung. (Setzen wir voraus, daß H in einer π-Hallgruppe P von K - eine solche existiert nach dem Satz von SCHUR-ZASSENHAUS ([7], I, 18.1) - enthalten ist, so ist K G//P-normal nach 1.2 b), und die Behauptung ist eine triviale Folgerung aus 2.2 (i), (ii).)

b) Sei K G//H-normal. Da der Durchschnitt eines G//H-Normalteilers von G mit einem Normalteiler von G, der H enthält, stets G//H-normal ist ([20], 5.20), ist $K_\pi = K \cap P$ G//H-normal. Aus 1.2 a) folgt, daß K_π P//H-normal ist. Ferner ist $K_{\pi'} \unlhd G$ nach a).

Sei K_π P//H-normal, und sei $K_{\pi'}$ normal in G. Dann gilt $K_\pi = H(K_\pi \cap K_\pi^g)$ für alle $g \in P$. Da die π'-Elemente von G alle π-Untergruppen von G zentralisieren, gilt diese Gleichung auch für alle $g \in G$. Also ist K_π G//H-normal. Da $K_{\pi'} \unlhd G$, ist $K = K_\pi K_{\pi'}$, G//H-normal, w.z.b.w.

2.5 <u>Hilfssatz.</u>

Sei H eine π-Hallgruppe von G. Jede Untergruppe U von G, welche H enthält, besitze eine π'-Hallgruppe. (Diese Bedingung ist erfüllt, wenn G auflösbar ist.) Dann gilt:

a) Für alle Normalteiler M und N von G ist

$$HM \cap HN = H(M \cap N).$$

b) Die Abbildung

$$\varphi: N \longmapsto HN, \quad N \unlhd G,$$

ist ein Verbandshomomorphismus des Verbandes aller Normalteiler von G in die geordnete Menge aller G//H-Normalteiler von G. Insbesondere gilt: sind alle G//H-Normalteiler von G von der Form HN mit $N \unlhd G$, so ist der Durchschnitt zweier G//H-Normalteiler ebenfalls ein G//H-Normalteiler, und die G//H-Normalteiler bilden einen modularen Teilverband des Untergruppen-verbandes von G.

<u>Beweis.</u> a) Da $M \unlhd G$, ist jede π'-Untergruppe von HM in M enthalten. Ist S eine π'-Hallgruppe von $HM \cap HN$, so ist demnach $S \leq M$. In gleicher Weise erhält man $S \leq N$.

Also ist

$$HM \cap HN = HS \leq H(M \cap N) \leq HM \cap HN .$$

Hieraus folgt a).

b) folgt aus a).

Wir können nun einen Fall darlegen, wo alle G//H-Normalteiler von G das Produkt von H mit einem Normalteiler von G sind.

2.6 Satz.

G besitze eine normale π-Hallgruppe M. Sei H ein Komplement zu M in G (welches nach dem Satz von SCHUR-ZASSENHAUS existiert).

a) Sei $H \leq K \leq G$. Gleichwertig sind:

(i) K ist G//H-normal.

(ii) $K \cap M \trianglelefteq G$.

(iii) Es existiert $N \trianglelefteq G$, so daß $K = HN$.

b) Der Durchschnitt von je zwei G//H-Normalteilern von G ist ein G//H-Normalteiler von G. Die G//H-Normalteiler von G bilden also einen modularen Teilverband des Untergruppenverbandes von G.

c) Die Abbildung

$$\varphi: N \longmapsto HN , \qquad N \trianglelefteq G \text{ und } N \leq M,$$

ist ein Verbandsisomorphismus des Verbandes aller in M enthaltenen Normalteiler von G auf den Verband aller G//H-Normalteiler von G, und die Abbildung

$$\gamma: K \longmapsto K \cap M , \qquad K \text{ ein G//H-Normalteiler,}$$

ist die Umkehrabbildung von φ.

Beweis. a) (i) ⟹ (ii): K ∩ M ist eine normale π-Hallgruppe von K = H(K ∩ M). Also folgt die Aussage aus 2.4
a).

(ii) ⟹ (iii): Man setze N = K ∩ M.

(iii) ⟹ (i): ist trivial.

b) Ist H ≤ U, so ist U ∩ M eine π-Hallgruppe von U. Die
Behauptung folgt daher aus 2.5 a) und der Gleichwertig-
keit von (i) und (iii) in a).

c) Aus 2.5 b) folgt, daß φ ein Verbandshomomorphismus
ist. Ist N ein in M enthaltener Normalteiler von G, so
gilt $N_{φγ}$ = $(HN)_γ$ = HN ∩ M = N; ist K ein G//H-Normal-
teiler von G, so gilt $K_{γφ}$ = $(K ∩ M)φ$ = H(K ∩ M) = K. Daher
ist γ die Umkehrabbildung von φ, und φ ist ein Verbandsisomorphismus, w.z.b.w.

2.7 Bemerkung.
Sei G auflösbar, K eine Hallgruppe von G und U eine
Hallgruppe von K. Dann gilt
$$| \mathcal{N}_G(U) ∩ K | = (|K|, |\mathcal{N}_G(U)|).$$

Beweis. Da G auflösbar und K eine Hallgruppe von G ist,
existiert S ≤ $\mathcal{N}_G(U)$, so daß U ≤ S und
|S| = (|K|, |$\mathcal{N}_G(U)$|). Weil |S| | |K|, existiert g ∈ G,
so daß
$$U^g ≤ S^g ≤ K.$$
Da U eine Hallgruppe von K ist, existiert k ∈ K, so
daß U^{gk} = U. Nun ist
$$S^{gk} ≤ K^k = K$$

und

$$S^{gk} \leq \mathcal{N}_G(U)^{gk} = \mathcal{N}_G(U^{gk}) = \mathcal{N}_G(U) \, ,$$

somit $S^{gk} \leq \mathcal{N}_G(U) \cap K$. Also ist

$$(|K|,|\mathcal{N}_G(U)|) = |S| \, \big| \, |\mathcal{N}_G(U) \cap K| \, .$$

Die umgekehrte Teilbarkeitsbeziehung gilt trivialerweise, w.z.b.w.

Da sich die G//H-Normalität einer Untergruppe K von
G auf homomorphe Bilder von G (1.2 c)) und auf Untergruppen von G, welche K enthalten (1.2 a)), überträgt,
wird es für unsere weiteren Untersuchungen nützlich
sein, solche Gruppen G mit einer Hallgruppe H und einem
G//H-Normalteiler K zu betrachten, die minimal
bezüglich der Eigenschaft sind, daß K nicht von der
Form K = HN mit N $\trianglelefteq$ G ist. Dabei erweist sich die
Beschränkung auf auflösbare Gruppen als fruchtbar.

2.8 Satz.

Für jede Untergruppe H von G und jeden G//H-Normalteiler
K von G betrachten wir die Aussage

$\mathcal{A}$(H, K, G) : Es existiert N $\trianglelefteq$ G, so daß K = HN.

Sei G auflösbar, K $\leq$ G und H eine Hallgruppe von K.
K sei G//H-normal, und $\mathcal{A}$(H, K, G) gelte nicht. Für
jede echte Untergruppe L von G, die K enthält, gelte
$\mathcal{A}$(H, K, L), und für jeden von 1 verschiedenen Normalteiler S von G gelte $\mathcal{A}$(HS/S, KS/S, G/S).

Sei K^* ein Komplement zu H in K, M ein minimaler
Normalteiler von G und p der Primteiler von $|M|$.

Behauptet wird:

a) Sei $S \unlhd G$, $S > 1$. Dann existiert $N \unlhd G$, so daß
$KS = HN$, und es ist $G = H \mathcal{N}_G(K^*S)$.

b) Es ist $K_G = 1$.

c) Wenn $p \nmid |K^*|$ und $K \cap M = 1$, so ist $G = KM$.

d) Wenn K eine Hallgruppe von G ist, so ist
$G = KM$, $p^3 \mid |M|$ und $p^2 < |H|$.

Beweis. Da G auflösbar und H eine Hallgruppe von K ist,
ist $\mathcal{A}(H, K, G)$ nach 2.1 gleichwertig zu

$$G = H \mathcal{N}_G(K^*).$$

a) Aus der Gültigkeit von $\mathcal{A}(HS/S, KS/S, G/S)$ folgt
die Existenz von $N \unlhd G$ mit $S \unlhd N$ und $KS/S = HS/S \cdot N/S$,
woraus sich die erste Aussage ergibt. Aus demselben
Grund gilt $G/S = HS/S \cdot \mathcal{N}_{G/S}(K^*S/S)$, also $G = H \mathcal{N}_G(K^*S)$.

b) Da $\mathcal{A}(H, K, G)$ nicht gilt, folgt $K_G = 1$ aus a).

c) Es seien die Voraussetzungen von c) erfüllt. Angenommen, es ist $KM < G$. Die Gültigkeit von
$\mathcal{A}(H, K, KM)$ sichert die Existenz von $M_0 \unlhd KM$, so daß
$K = HM_0$. Da $M \unlhd KM$ und $M \cap M_0 \leq M \cap K = 1$, wird M_0 von
M zentralisiert. Da H eine Hallgruppe von $K = HM_0$ ist,
gilt $K^* \leq M_0$. Also wird auch K^* von M zentralisiert.
Da $(|M|, |K^*|) = 1$, ist K^* eine charakteristische
Untergruppe von K^*M. Also ist

$$\mathcal{N}_G(K^*M) = \mathcal{N}_G(K^*).$$

Mit $S = M$ folgt aus a)

$$G = H \mathcal{N}_G(K^*M) = H \mathcal{N}_G(K^*).$$

Daher gilt $\mathcal{A}(H, K, G)$, im Widerspruch zur Voraussetzung. Also gilt doch $G = KM$.

d) Nach b) ist $M \nleq K$. Da K eine Hallgruppe von G ist, ist $K \cap M = 1$ und $p \nmid |K|$. Aus c) folgt $G = KM$. Sei $M_1 = M \cap \mathcal{N}_G(K^*)$.

1.) Es ist $M_1 < M$ und $M = \bigcup_{h \in H} M_1^h$.

Denn nach 2.7 ist $\mathcal{N}_G(K^*) = (\mathcal{N}_G(K^*) \cap K)M_1$, und aus 2.3 ergibt sich wegen der $G//H$-Normalität von K, daß

$$
\begin{aligned}
G &= H\mathcal{N}_G(K^*)H \\
&= H(\mathcal{N}_G(K^*) \cap K)M_1 H \\
&= KM_1 H \\
&= \bigcup_{h \in H} KM_1^h .
\end{aligned}
$$

Hieraus folgt

$$
M = \bigcup_{h \in H} M_1^h .
$$

Wäre $M_1 = M$, so wäre $M \leq \mathcal{N}_G(K^*)$ und damit $G = KM = HK^*M = H\mathcal{N}_G(K^*)$; also würde $\mathcal{A}(H, K, G)$ gelten, im Widerspruch zur Voraussetzung. Somit ist 1.) bewiesen.

2.) Es ist $p^2 \mid |M : M_1|$.

Nach 1.) ist $p \mid |M : M_1|$. Angenommen, es ist $p = |M : M_1|$. Die elementar-abelsche p-Gruppe M ist ein K^*-Modul bezüglich der Konjugation mit Elementen aus K^*. M_1 ist ein K^*-Teilmodul von M. Nach dem Satz von Maschke ([7], I, 17.7) existiert zu M_1 ein Komplement M_2 in M, so daß

$$
M_2^k = M_2 \text{ für alle } k \in K^*.
$$

Es ist $|M_2| = |M : M_1| = p$. Sei m_2 ein erzeugendes Element von M_2. Da $M_2 \nleq \mathcal{N}_G(K^*)$, existiert $k_o \in K^*$, so daß

$$m_2^{k_o} \neq m_2 .$$

Nach 1.) existieren $m_1 \in M_1$ und $h_o \in H$, so daß $m_2 = m_1^{h_o}$.

Weil $HK^* = K^*H = K$, existieren $h \in H$ und $k \in K^*$, so

daß $h_o k_o = kh$. Dann ist

$$m_2^{h_o^{-1}h} = m_1^h$$

$$= m_1^{kh} \quad \text{(da } M_1 \text{ von } K^* \text{ zentralisiert wird)}$$

$$= m_1^{h_o k_o}$$

$$= m_2^{k_o} .$$

Also induziert $h_o^{-1}h \in H$ auf $M_2 = \langle m_2 \rangle$ denselben Auto-

morphismus wie $k_o \in K^*$. Wegen $(|H|, |K^*|) = 1$ muß

dieser Automorphismus die Identität sein, d.h.

$m_2^{k_o} = m_2$. Dies widerspricht der Wahl von k_o. Damit ist

die Annahme widerlegt, und 2.) ist bewiesen.

3.) Schluß des Beweises: Aus $M_1 > 1$ (nach 1.)) und

$p^2 \mid |M : M_1|$ folgt

$$p^3 \mid |M| .$$

Nach 1.) ist $|M| = |\bigcup_{h \in H} M_1^h| < |M_1| \cdot |H|$, und damit

$$p^2 \leq \frac{|M|}{|M_1|} < |H|, \quad \text{w.z.b.w.}$$

Im folgenden geben wir eine auflösbare Gruppe G mit

Untergruppen H und K an, die die in 2.8 geforderten

Eigenschaften besitzen und zusätzlich die Voraussetzung

von 2.8 d) erfüllen. Die Existenz dieser "kleinsten

Verbrecher" ist damit nachgewiesen.

2.9 Beispiel.

Sei A eine elementar-abelsche Gruppe von der Ordnung 8.

Die Gruppe Aut(A) $\cong$ GL(3,2) von der Ordnung 168 besitzt

eine nicht-abelsche Untergruppe K von der Ordnung 21.

Sei G das semidirekte Produkt von A mit K. Sei H die

7-Sylowgruppe von K. K und H sind Hallgruppen der auf-

lösbaren Gruppe G.

Da H die 7 Involutionen von A transitiv permutiert, sind

A und AH die einzigen nichttrivialen Normalteiler von G.

Also ist $K_G = 1$.

Sei K^* ein Komplement (von der Ordnung 3) zu H in K. Da

K^* genau eine Involution von A zentralisiert, ist

$|\mathscr{N}_G(K^*) \cap A| = 2$, und folglich

$$
\begin{aligned}
H\mathscr{N}_G(K^*)H &= K\mathscr{N}_G(K^*)H \\
&= K \bigcup_{h \in H} \mathscr{N}_G(K^*)^h \\
&\supseteq K \bigcup_{h \in H} (\mathscr{N}_G(K^*) \cap A)^h \\
&= KA \\
&= G \, .
\end{aligned}
$$

Mit 2.3 folgt: K ist G//H-normal. (Übrigens ist sogar

G//H kommutativ.)

Eine Betrachtung der Untergruppen und Faktorgruppen

von G zeigt, daß ein minimales Beispiel im Sinne von

2.8 vorliegt.

Aus 2.8 d) ergibt sich sofort:

2.10 Korollar.

Sei G auflösbar, und seien H und K Hallgruppen von G

mit $H \leq K$.

Ferner gelte mindestens eine der folgenden Aussagen:

(1) Rang(G) $\leq$ 2 (d.h. jeder Hauptfaktor von G hat

   Primzahl- oder Primzahlquadratordnung).

(2) In $|G : K|$ gehen keine dritten Potenzen von Prim-

   zahlen auf.

(3) Die p-Sylowgruppen von G sind zyklisch für alle

   Primteiler p von $|G : K|$.

(4) $|H| < p^2$ für alle Primteiler p von $|G : K|$.

Dann sind gleichwertig:

(i) K ist G//H-normal.

(ii) Es existiert $N \trianglelefteq G$, so daß $K = HN$.

Falls G überauflösbar ist, so gilt die Behauptung

von 2.10 auch ohne die Voraussetzung, daß neben H auch

K eine Hallgruppe von G ist. Genauer gilt:

2.11 Satz.

Sei G überauflösbar, K eine Untergruppe von G und H

eine Hallgruppe von K. Gleichwertig sind:

(i) K ist G//H-normal.

(ii) Es existiert $N \trianglelefteq G$, so daß $K = HN$.

Beweis. (i) $\Rightarrow$ (ii): Sei (H, K, G) ein Gegenbeispiel,

wobei $|G|$ minimal sein soll. Sei p der größte Primteiler

von $|G|$. Da G überauflösbar ist, gibt es einen Normalteiler M von G mit $|M| = p$ (vgl. [7], VI, 9.1 c)).

1.) Es ist $K_G = 1$ nach 2.8 b). Insbesondere ist
$K \cap M = 1$.

2.) Es ist $p \mid |K|$.

Denn andernfalls wäre G = KM nach 2.8 c), und K wäre
eine Hallgruppe von G = KM. Aus 2.8 d) würde die falsche
Aussage $p^3 \mid |M|$ folgen.

3.) K besitzt eine normale p-Sylowgruppe P.
Dies gilt, weil K überauflösbar und p der größte Prim-
teiler von$|K|$ ist.

4.) Es ist $p \nmid |K : H|$.
Denn andernfalls wäre H eine p'-Untergruppe von K. Aus
2.4 a) und 3.) würde $P \unlhd G$ folgen. Da $P > 1$ nach 2.),
wäre dies ein Widerspruch zu 1.).

5.) Es ist G = KM nach 4.) und 2.8 c).

6.) Schluß des Beweises: Da $|PM : P| = |M| = p$, ist
$P \unlhd PM$. Mit 3.) und 5.) folgt

$$P \unlhd \langle K, PM \rangle = KM = G .$$

Also ist $K_G \geq P > 1$, im Widerspruch zu 1.). Somit ist
(H, K, G) doch kein Gegenbeispiel, w.z.b.w.

(ii) $\Rightarrow$ (i): ist trivial.

2.12 Korollar.

Sei G auflösbar, und sei H eine Hallgruppe von G.

Ferner gelte mindestens eine der folgenden Aussagen:

(1) G ist überauflösbar.

(2) $|G : H|$ ist quadratfrei.

Dann gilt:

a) Sei H ≤ K ≤ G. Gleichwertig sind:

   (i) K ist G//H-normal.

   (ii) Es existiert N ⊴ G, so daß K = HN.

b) Der Durchschnitt von je zwei G//H-Normalteilern von G ist ein G//H-Normalteiler von G. Die G//H-Normalteiler von G bilden also einen modularen Teilverband des Untergruppenverbandes von G.

c) Die Abbildung

$$\varphi : N \longmapsto HN \ , \quad N \trianglelefteq G,$$

ist ein Verbandsepimorphismus des Verbandes aller Normalteiler von G auf den Verband aller G//H-Normalteiler von G.

Beweis. a) Ist G überauflösbar, so folgt die Aussage aus 2.11. Ist |G : H| quadratfrei, so sind alle Untergruppen K von G mit H ≤ K Hallgruppen von G, und sie erfüllen die Bedingung 2.10 (2); nun liefert 2.10 das Gewünschte.

b) folgt aus a) und 2.5 a).

c) folgt aus a) und 2.5 b).

3. G//H-Normalteiler in Gruppen
mit zyklischen Sylowgruppen

Wir fragen, welche spezielle Eigenschaften eine
Gruppe G haben muß, so daß für jede Untergruppe H
von G alle G//H-Normalteiler das Produkt von H mit
einem Normalteiler von G sind. Sicher erfüllen abelsche
Gruppen diese Bedingung. In diesem Abschnitt zeigen
wir, daß dies auch solche Gruppen tun, die nur zyk-
lische Sylowgruppen besitzen.

3.1 Hilfssatz.

Alle Sylowgruppen von G seien zyklisch. Sei $H \leq G$.
Dann gilt für alle Normalteiler M und N von G:

$$HM \cap HN = H(M \cap N).$$

Beweis. Vermöge einer Induktionsvoraussetzung können
wir $M \cap N = 1$ annehmen. Da $M, N \trianglelefteq G$, und weil die
Sylowgruppen von G zyklisch sind, folgt

$$(|M|, |N|) = 1.$$

Für jede Primzahl p gilt dann: p ist zu $|M|$ oder zu
$|N|$ teilerfremd, und somit enthält H eine p-Sylowgruppe von $HM \cap HN$. Also ist $H = HM \cap HN$, was zu
zeigen war.

In den folgenden Satz gehen die Ergebnisse aus
dem vorangegangenen Abschnitt ein.

- 23 -

3.2 Satz.

Sei G überauflösbar, sei K eine Untergruppe von G mit lauter zyklischen Sylowgruppen, und sei $H \leq K$. Gleichwertig sind:

(i) K ist G//H-normal.

(ii) Es existiert $N \trianglelefteq G$, so daß $K = HN$.

Beweis. (i) $\Rightarrow$ (ii): Wir können $H < K$ und - vermöge eines Induktionsschlusses - $K_G = 1$ voraussetzen. Dann existiert eine Potenz p^n einer Primzahl p, so daß $p^n \mid |K|$ und $p^n \nmid |H|$.

Sei $g \in G$. Aus der G//H-Normalität von K folgt
$$K = H(K \cap K^g).$$
Dann existieren ([7], VI, 4.7) p-Sylowgruppen P, P_1, P_2 von K, H, $K \cap K^g$ mit $P = P_1 P_2$. Da alle Sylowgruppen von K zyklisch sind, und da $|P_1| < |P|$, gilt $P = P_2$. Folglich enthält $K \cap K^g$ eine p-Sylowgruppe von K. Ist also H_o eine p'-Hallgruppe von K, so ist
$$K = H_o(K \cap K^g).$$
Daher ist K ein $G//H_o$-Normalteiler von G. Nun folgt aus 2.11: es existiert $N \trianglelefteq G$, so daß $K = H_o N$. Also ist $K_G \geq N > 1$, im Widerspruch zu $K_G = 1$. Damit ist die Behauptung bewiesen.

(ii) $\Rightarrow$ (i): ist trivial.

3.3 Korollar.

Seien alle Sylowgruppen von G zyklisch, und sei H ≤ G.

a) Sei H ≤ K ≤ G. Gleichwertig sind:

(i) K ist G//H-normal.

(ii) Es existiert N ⊴ G, so daß K = HN.

b) Der Durchschnitt von je zwei G//H-Normalteilern von G ist ein G//H-Normalteiler von G. Die G//H-Normalteiler von G bilden also einen modularen Teilverband des Untergruppenverbandes von G.

c) Die Abbildung

$$\varphi: N \longmapsto HN, \quad N \trianglelefteq G,$$

ist ein Verbandsepimorphismus des Verbandes aller Normalteiler von G auf den Verband aller G//H-Normalteiler von G.

Beweis. a) Da alle Sylowgruppen von G zyklisch sind, ist G überauflösbar ([7], IV, 2.9). Daher folgt die Aussage aus 3.2.

b) und c) folgen aus a) und 3.1.

4. Über G//H-Normalteiler
bezüglich einer minimalen Untergruppe H

In diesem Abschnitt suchen wir nach hinreichenden
Bedingungen dafür, daß ein G//H-Normalteiler bezüglich
einer Untergruppe H von der Primzahlordnung p ein
Produkt von H mit einem Normalteiler ist. Ergebnisse
werden vor allem im Fall p = 2 gewonnen, wobei - wie
in den vorangegangenen Abschnitten - die Frage, wann
die G//H-Normalteiler einen Verband bilden, berührt
wird (4.7). Ferner wird an einem Beispiel in 4.8 dargelegt, daß eine sich anbietende Verallgemeinerung des
Jordan-Hölder-Satzes auf G//H-Hauptreihen - so wie sie
für G//H-Kompositionsreihen in [20], 11.5 durchgeführt
wurde - im allgemeinen nicht gelingt. Die Aussagen
dieses Abschnittes sind eine wesentliche Vorbereitung
auf die Untersuchungen in den Abschnitten 7 und 8.

Sei K eine Untergruppe von G, wobei ein Element g
von G existieren soll, so daß $K_G = K \cap K^g$ gilt. Ist
nun K ein G//H-Normalteiler, so ist $K = H(K \cap K^g) = HK_G$
das Produkt von H mit einem Normalteiler von G. Die
Voraussetzung ist erfüllt, wenn K = P eine Sylowgruppe
von G und P/P_G abelsch ist: es existiert dann g ∈ G,
so daß $P_G = P \cap P^g$ ([3], S. 132). Wir erhalten also:

4.1 Lemma.

Sei P eine Sylowgruppe von G, und sei H ≤ P. Ferner
sei P/P_G abelsch. Dann sind gleichwertig:

(i) P ist G//H-normal

(ii) Es existiert N ⊴ G, so daß P = HN.

Wir zeigen, daß in 4.1 die zusätzliche Voraussetzung,
daß P/P_G abelsch ist, immer erfüllt ist, wenn P G//H-
normal ist bezüglich einer minimalen Untergruppe H.

4.2 Hilfssatz.

Sei H eine Untergruppe von der Primzahlordnung p von
G, und sei K ein G//H-Normalteiler. Ferner gelte: jede
Untergruppe vom Index p von K ist normal in K. (Diese
Bedingung ist erfüllt, wenn K nilpotent ist oder wenn
p der kleinste Primteiler von |K| ist.) Dann ist
K/K_G eine elementar-abelsche p-Gruppe.

Beweis. Da K G//H-normal ist, gilt $K = H(K \cap K^g)$ für
alle g ∈ G. Daher ist $|K : K \cap K^g| = 1$ oder p für alle
g ∈ G. Somit ist

$$K/K_G = K/ \bigcap_{g \in G} (K \cap K^g)$$

isomorph zu einer Untergruppe der elementar-abelschen
p-Gruppe

$$\underset{g \in G}{\times} K/K \cap K^g,$$

also selbst elementar-abelsch, w.z.b.w.

4.3 <u>Korollar.</u>

Sei P eine Sylowgruppe von G, und sei H eine Untergruppe von Primzahlordnung von P. Dann sind gleichwertig:

(i) P ist G//H-normal.

(ii) Es existiert $N \trianglelefteq G$, so daß P = HN.

<u>Beweis.</u> Ist (i) erfüllt, so ist P/P_G abelsch nach
4.2. Daher folgt die Behauptung aus 4.1.

4.4 <u>Lemma.</u>

Sei G nilpotent, und sei H eine Untergruppe von Primzahlordnung von G. Sei $s \in G$, so daß $HH^s = H^sH$. Wir
setzen $K = HH^s$. Dann sind gleichwertig:

(i) K ist G//H-normal.

(ii) Es existiert $N \trianglelefteq G$, so daß K = HN.

<u>Beweis.</u> (i) $\Rightarrow$ (ii): Wir setzen o.B.d.A. voraus, daß
$K \ntrianglelefteq G$ und H < K. Sei |H| = p.

Aus (i) und 1.3 folgt

$$s \in \mathcal{N}_G(K).$$

Da G nilpotent ist, sind die p + 1 Untergruppen von der
Ordnung p von K genau die Gruppen

$$H, H^s, \ldots, H^{s^{p-1}} \text{ und eine weitere Gruppe N.}$$

Sei $x \in G \smallsetminus \mathcal{N}_G(K)$. Wegen (i) ist $K = H(K \cap K^x)$, und
damit $|K \cap K^x| = p$.

Angenommen, es ist $K \cap K^x \neq N$. Dann existiert ein
$i \in \{0, 1, \ldots, p-1\}$, so daß

$$K \cap K^x = H^{s^i}.$$

Daher ist $H^{s^i x^{-1}} \leq K$, und nach 1.3 ist

$$s^i x^{-1} \in \mathcal{N}_G(K).$$

Da $s \in \mathcal{N}_G(K)$, folgt $x \in \mathcal{N}_G(K)$, was der Wahl von x widerspricht. Also gilt

$$K \cap K^x = N \quad \text{für alle } x \in G \smallsetminus \mathcal{N}_G(K).$$

Damit ist $K_G = N \trianglelefteq G$. Da $K = HN$, ist (ii) bewiesen.

(ii) $\Rightarrow$ (i): ist trivial.

Lemma 4.4 läßt sich im Fall $|H| = 2$ in zwei Richtungen verallgemeinern. Erstens bleibt in diesem Fall die Aussage von 4.4 gültig, wenn K das Produkt von beliebig vielen zu H konjugierten Untergruppen ist, die paarweise vertauschbar sind (4.5). Zweitens gilt, falls G nilpotent ist, Lemma 4.4 auch dann, wenn K eine beliebige Untergruppe von der Ordnung 4 ist, die H enthält (4.6).

4.5 Satz.

Sei $\langle a \rangle = H \leq G$, $|H| = 2$. Sei K eine abelsche Untergruppe von G, die H enthält und von Elementen erzeugt wird, die zu a in G konjugiert sind. Sei

$$N = \langle \{a^u a^v \mid u, v \in G \text{ und } a^u, a^v \in K\} \rangle.$$

a) Es ist $K = HN$.

b) Wenn K G//H-normal ist, so ist $N \trianglelefteq G$.

Beweis. a) Sei $\{a_1 = a, a_2, \ldots, a_n\}$ ein minimales Erzeugendensystem von K, wobei alle a_i zu a in G konjugiert sind. Zu jedem Element x von K definieren wir

$\varepsilon_1(x)$, $\varepsilon_2(x)$, ..., $\varepsilon_n(x) \in \{0, 1\}$ vermöge

$$x = a_1^{\varepsilon_1(x)} a_2^{\varepsilon_2(x)} \ldots a_n^{\varepsilon_n(x)} \; ; \; \text{sei}$$

$s(x) = |\{ i \mid 1 \le i \le n \text{ und } \varepsilon_i(x) = 1 \}|$. Es bezeichne α den Epimorphismus

$$x \longmapsto \begin{cases} 1 & \text{falls } 2 \mid s(x) \\ -1 & \text{falls } 2 \nmid s(x) \end{cases}, \quad x \in K,$$

von K auf $\{1, -1\}$. Offenbar ist $|K : \mathrm{Ker}(\alpha)| = 2$, $H \nleq \mathrm{Ker}(\alpha)$ und $\mathrm{Ker}(\alpha) \le N$. Mithin gilt $K = H\,\mathrm{Ker}(\alpha) = HN$.

b) Sei K G//H-normal. Sei $h \in G$, so daß $a^h \in K$. Wir zeigen

$$a\,a^h \in K_G. \qquad\qquad (*)$$

Ist $a^h = a$, so ist $aa^h = 1 \in K_G$. Sei nun $a^h \ne a$. Dann ist $S := \langle a, a^h \rangle$ eine Untergruppe von der Ordnung 4 von K. Sei $g \in G$. Da K G//H-normal ist, gilt $K = H(K \cap K^g)$, also $|K : K \cap K^g| \le 2$. Daher ist

$$|S : S \cap K^g| = |S : S \cap (K \cap K^g)|$$
$$= |S(K \cap K^g) : K \cap K^g|$$
$$= |K : K \cap K^g|$$
$$\le 2,$$

also $|S \cap K^g| \ge \frac{1}{2}|S| = 2$.

Angenommen, es ist $aa^h \notin K^g$. Da $|S \cap K^g| \ge 2$, ist $a \in K^g$ oder $a^h \in K^g$. Im 1. Fall folgt aus 1.3, daß $g \in \mathcal{N}_G(K)$. Im 2. Fall gilt: $a \in K^{gh^{-1}}$, also nach 1.3 $gh^{-1} \in \mathcal{N}_G(K)$; da aber wegen $a^h \in K$ auch $h \in \mathcal{N}_G(K)$ gilt (wiederum nach 1.3), ist $g \in \mathcal{N}_G(K)$. Also ergibt

sich in beiden Fällen $aa^h \in K = K^g$. Damit ist die
Annahme widerlegt. Somit ist $(*)$ bewiesen.

Seien $u, v \in G$, so daß $a^u, a^v \in K$. Nach 1.3 ist
$u, v \in \mathcal{N}_G(K)$, also $vu^{-1} \in \mathcal{N}_G(K)$ und damit $a^{vu^{-1}} \in K$.
Aus $(*)$ ergibt sich $a^u a^v = (aa^{vu^{-1}})^u \in K_G{}^u = K_G$.
Daher ist $N \leq K_G$. Gilt $N = K_G$, so ist $N \trianglelefteq G$. Gilt
$N < K_G$, so folgt aus a), daß $K = K_G$, also $K \trianglelefteq G$; dann
ist $a^g \in K$ für alle $g \in G$, und somit gilt
$N = \langle \{ a^u a^v \mid u, v \in G \} \rangle \trianglelefteq G$, w.z.b.w.

4.6 <u>Hilfssatz.</u>

Sei G nilpotent, und sei $H \leq K \leq G$, wobei $|H| = 2$ und
$|K| = 4$. Gleichwertig sind:

(i) K ist $G//H$-normal.

(ii) Es existiert $N \trianglelefteq G$, so daß $K = HN$.

<u>Beweis.</u> (i) $\Rightarrow$ (ii): Sei (H, K, G) ein Gegenbeispiel,
wobei $|G|$ möglichst klein sein soll. Da (ii) nicht
gelten soll, ist $H \ntrianglelefteq G$ nach (i) und 1.5 a). Ferner ist
$K_G = 1$. Wegen 1.6 b) ist K elementar-abelsch.

Sei $U \leq G$ mit $K \leq U$ und $|G : U| = 2$. Sei $g \in G \smallsetminus U$.
Aus (i) folgt $K = H(K \cap K^g)$, also $K \cap K^g > 1$.

Da K $U//H$-normal ist nach 1.2 a), und da $|G|$ minimal
ist, existiert $M \trianglelefteq U$, so daß $K = HM$. Wäre $K = M$, so
wäre $K \trianglelefteq U$, also $K_G = K \cap K^g > 1$, was zu $K_G = 1$ im
Widerspruch steht. Somit sind H und M zwei verschie-
dene Untergruppen von der Ordnung 2 von K. Sei L die
von H und M verschiedene Untergruppe von der Ordnung
2 von K.

Angenommen, es ist $H \leq K \cap K^g$. Aus 1.3 folgt $g \in \mathcal{N}_G(K)$.
Wegen $M \unlhd U$ ergibt sich $M^G = \langle M, M^g \rangle \leq \langle K, K^g \rangle = K$,
im Widerspruch zu $K_G = 1$. Also ist $H \nleq K \cap K^g$.

Angenommen, es ist $M \leq K \cap K^g$. Dann ist $M^{g^{-1}} \leq K$ und
folglich $M^G = \langle M, M^{g^{-1}} \rangle \leq K$, was wiederum zum Widerspruch führt. Also ist $M \nleq K \cap K^g$.

Aus $H \nleq K \cap K^g$, $M \nleq K \cap K^g$ und $K \cap K^g > 1$ folgt

$$L \leq K \cap K^g.$$

Da $g^{-1} \in G \smallsetminus U$, gilt ebenso $L \leq K \cap K^{g^{-1}}$. Mithin ist
$L^g \leq K^g \cap K \leq K$. Es ist $L^g \neq H$, denn sonst wäre
$H = L^g \leq K^g \cap K$, im Widerspruch zu dem eben Bewiesenen.
Ebenso ist $L^g \neq M$. Wegen $L^g \leq K$ gilt somit

$$L^g = L.$$

Da diese Gleichung für alle $g \in G \smallsetminus U$ bewiesen ist,
ist $\mathcal{N}_G(L) \geq \langle G \smallsetminus U \rangle = G$, also $L \unlhd G$. Somit ist doch
$K_G > 1$, und (H, K, G) ist doch kein Gegenbeispiel.
(ii) $\Rightarrow$ (i): ist trivial.

Zu bemerken ist, daß die Aussage von 4.6 im allgemeinen falsch ist, wenn G nicht nilpotent ist,
oder wenn $|H| = p$, $|K| = p^2$ für eine ungerade Prim-
zahl p statt für p = 2 gelten.

Hilfssatz 4.6 ist der Ausgangspunkt für den folgenden Satz 4.7 a) über G//H-Normalteiler für Untergruppen
H von der Ordnung 2 von nilpotenten Gruppen G. Im 2.
und 3. Abschnitt konnten wir unter den dortigen Voraus-

setzungen aus der Aussage, daß alle G//H-Normalteiler
von der Form HN mit N ⊴ G sind, den Schluß ziehen, daß
die G//H-Normalteiler einen Verband bilden (siehe vor
allem 2.5). In der jetzt vorliegenden Situation schließen
wir in der umgekehrten Richtung: ist die Menge der G//H-
Normalteiler ein Verband, so sind alle G//H-Normaltei-
ler von der erwähnten speziellen Form (4.7 b)).

4.7 <u>Satz.</u>
Sei G nilpotent, und sei H eine Untergruppe von der
Ordnung 2 von G.
  a) Gleichwertig sind:
    (i)   Zu jedem G//H-Normalteiler K von G existiert
          N ⊴ G, so daß K = HN.
    (ii) Sei K ein minimaler G//H-Normalteiler von G
          (d.h. ein von H verschiedener G//H-Normal-
          teiler, der keinen G//H-Normalteiler außer H
          und sich selbst enthält). Dann ist |K : H|
          eine Primzahl.
    (iii) Seien K und L zwei G//H-Normalteiler mit L < K,
          wobei für jeden G//H-Normalteiler M mit
          L ≤ M ≤ K gelten soll: M = K oder M = L. Dann
          ist |K : L| eine Primzahl.
  b) Der Durchschnitt von je zwei G//H-Normalteilern von
G sei ein G//H-Normalteiler von G, d.h. die G//H-Normal-
teiler bilden einen (modularen) Teilverband des Untergruppenverbandes von G. Dann gelten die Aussagen (i),
(ii) und (iii) in a).

Beweis. Wegen 2.4 b) können wir o.B.d.A. voraussetzen, daß G eine 2-Gruppe ist.

a) (i) $\Rightarrow$ (iii): ist trivial.

(iii) $\Rightarrow$ (ii): Dies ergibt sich, indem man in (iii) $L = H$ setzt.

(ii) $\Rightarrow$ (i): Sei K ein von H verschiedener G//H-Normal-teiler von G, und sei L ein minimaler G//H-Normalteiler von G mit $L \le K$. Wegen (ii) ist $|L| = 4$. Aus 4.6 folgt $L_G > 1$. Also ist $K_G > 1$. Nun folgt (i) aus 1.5 a) (falls $H \trianglelefteq G$) oder mittels eines Induktionsschlusses.

b) Wir zeigen, daß (i) gilt. Sei (H, K, G) ein Gegen-beispiel, wobei $|G| + |K|$ möglichst klein sein soll. Nach 1.2 c) und 1.5 a) ist $K_G = 1$. Sei M ein minimaler Normalteiler von G. Wegen der Minimalität des Gegenbei-spiels existiert $S \trianglelefteq G$ mit $M \le S$, so daß

$$KM/M = HM/M \cdot S/M .$$

Man erhält $KM = HMS = HS = KS$. Da G eine 2-Gruppe ist, existiert $T \trianglelefteq G$ mit $M \le T \le S$ und $|HS : HT| = 2$. Dann ist $KM \le KT \le KS = KM$, also $KT = KM = HS$. Daher ist

$$|K \cap HT| = \frac{|K| \cdot |HT|}{|KHT|} = \frac{1}{2} \frac{|K| \cdot |HS|}{|KT|} = \frac{1}{2} |K| .$$

Wegen $T \trianglelefteq G$ ist HT ein G//H-Normalteiler. Nach Voraus-setzung ist auch $K \cap HT$ ein G//H-Normalteiler. Da $|K \cap HT| < |K|$, existiert nach Wahl des Gegenbeispiels $N \trianglelefteq G$, so daß $K \cap HT = HN$. Aus $K_G = 1$ folgt $N = 1$, also $K \cap HT = H$. Somit ist

$$|K| = 2 |K \cap HT| = 2 |H| = 4 .$$

Nach 4.6 ist (H, K, G) doch kein Gegenbeispiel, w.z.b.w.

- 34 -

Es sei erwähnt, daß es Beispiele gibt, die belegen,
daß die Umkehrung von 4.7 b) im allgemeinen falsch ist:
gelten unter den Voraussetzungen von 4.7 die drei Aussagen in 4.7 a), so bilden die G//H-Normalteiler nicht
notwendig einen Verband.

4.8 **Bemerkung.**

Das folgende Beispiel lehrt, daß (unter den Voraussetzungen von 4.7) die Aussagen (i), (ii) und (iii) in
4.7 a) nicht immer gelten. Sei $U = \langle s, t, u, v \rangle$ eine
elementar-abelsche Gruppe von der Ordnung 16. Sei G das
semidirekte Produkt von U mit der von den Automorphismen

$$\alpha: \begin{array}{l} s \mapsto st, \\ t \mapsto t, \\ u \mapsto uv, \\ v \mapsto v, \end{array} \qquad \text{und } \beta: \begin{array}{l} s \mapsto u, \\ t \mapsto v, \\ u \mapsto s, \\ v \mapsto t, \end{array}$$

erzeugten Gruppe. (Es ist $\alpha\beta = \beta\alpha$ und $|\langle \alpha, \beta \rangle| = 4$, also
$|G| = 64$.) Wir setzen $H = \langle tu \rangle$ und $K = \langle s, t, u \rangle$.
Offenbar ist $K \cap K^\alpha = \langle s, t \rangle$, $K \cap K^\beta = \langle s, u \rangle$ und
$K \cap K^{\alpha\beta} = \langle st, u \rangle$. Daher ist

$$K = H(K \cap K^\alpha) = H(K \cap K^\beta) = H(K \cap K^{\alpha\beta}).$$

Weil $\mathcal{N}_G(K) = U$, folgt hieraus

$$K = H(K \cap K^g) \text{ für alle } g \in G.$$

Also ist K ein G//H-Normalteiler. Andererseits ist

$$K_G = K \cap K^\alpha \cap K^\beta \cap K^{\alpha\beta} = 1.$$

Folglich gilt (i) in 4.7 a) in diesem Fall nicht. Insbesondere bilden wegen 4.7 b) die G//H-Normalteiler von
G keinen Verband.

Wir schließen die folgende Überlegung an: Sei G eine
2-Gruppe und H eine Untergruppe von der Ordnung 2 von
G. Bezeichnet man eine nicht zu verfeinernde Reihe

$$K_o = H < K_1 < K_2 < \ldots < K_m = G$$

von G//H-Normalteilern K_i als $\underline{G//H\text{-Hauptreihe}}$, und die
zugehörigen Indizes $|K_{i+1} : K_i|$ von benachbarten Glie-
dern dieser Reihe als die zugehörigen $\underline{G//H\text{-Hauptindizes}}$,
so besagt die Aussage (iii) in 4.7 a), daß alle G//H-
Hauptindizes in jeder G//H-Hauptreihe gleich 2 sind.
Andererseits läßt sich, auch wenn (iii) in 4.7 a) nicht
gilt, eine G//H-Hauptreihe angeben, so daß die zugehörigen G//H-Hauptindizes alle gleich 2 sind: man hat nur
alle Glieder einer Hauptreihe von G mit H zu multipli-
zieren (und eventuell sich wiederholende Glieder weg-
zulassen). Das dargelegte Beispiel, wo (i), (ii), (iii)
in 4.7 a) nicht gelten, lehrt daher, daß eine Verallgemeinerung des Satzes von Jordan-Hölder für G//H-Haupt-
reihen im allgemeinen nicht gilt. Bilden jedoch die
G//H-Normalteiler von G einen Verband, so gilt nach
4.7 b): alle G//H-Hauptindizes in jeder G//H-Hauptreihe
sind gleich 2.

II. ÜBER CS-UNTERGRUPPEN

5. Definitionen und einfache Bemerkungen
zu den Begriffen
G//H-Konjugiertenklasse und CS-Untergruppe

Dieser Abschnitt enthält die für unsere weiteren Untersuchungen wichtigen Definitionen und Grundtatsachen aus der Theorie der Schur-Ringe. Wir scheuen dabei nicht eine gewisse Ausführlichkeit, um uns die Darstellung in den folgenden Abschnitten zu erleichtern.

Der Begriff der CS-Untergruppe entstand bei der Untersuchung des Zentrums eines Schur-Ringes über einer endlichen Gruppe. Nach H. WIELANDT ([24], S. 385) heißt ein Unterring T des Gruppenringes $\mathbb{Z}G$ ein Schur-Ring über G, wenn eine Zerlegung

$$G = \tau_1 \cup \ldots \cup \tau_t$$

von G in nicht-leere paarweise disjunkte Teilmengen von G existiert mit den folgenden Eigenschaften:

(1) Zu jedem $i \in \{1, \ldots, t\}$ existiert ein $j \in \{1, \ldots, t\}$, so daß $\tau_i^{-1} = \tau_j$.

(2) Es ist $T = \{ \sum_{i=1}^{t} a_i \, \underline{\tau_i} \mid a_i \in \mathbb{Z} \}$.

Die Mengen $\tau_1, \ldots, \tau_t$ heißen die T-Klassen von G. Ist T ein Schur-Ring über G mit den T-Klassen

$\tau_1, \ldots, \tau_t$, so heiße die Unteralgebra

$$\mathbb{C}T = \left\{ \sum_{i=1}^{t} c_i \underline{\tau_i} \mid c_i \in \mathbb{C} \right\}$$

der Gruppenalgebra $\mathbb{C}G$ eine <u>Schur-Algebra</u> über G
([20], 2.1).

Die Anzahl t der T-Klassen von G ist gleich der Dimension von T als $\mathbb{Z}$-Modul und damit gleich der Dimension von $\mathbb{C}T$ als $\mathbb{C}$-Algebra; wir werden hierfür kurz
dim(T) schreiben.

Der zweiseitige Nebenklassenring G//H von G bezüglich
der Untergruppe H ist ein Schur-Ring über G. Die zweiseitigen Nebenklassen HgH, $g \in G$, von G bezüglich H sind
die G//H-Klassen von G, und dim(G//H) ist die Anzahl
dieser zweiseitigen Nebenklassen. Für die zweiseitige
Nebenklassenalgebra $\mathbb{C}(G//H)$ von G bezüglich H schreiben
wir kurz $\mathbb{C}G//H$.

Eine Grundlage für die Untersuchung der Darstellungen
der Schur-Algebren gibt ein Satz von H. WIELANDT, welcher besagt, daß jede Schur-Algebra eine halbeinfache
Algebra ist ([24], S. 386, Fußnote). Also ist jede
Darstellung (über $\mathbb{C}$) einer Schur-Algebra $\mathbb{C}T$ über G
vollständig reduzibel, und jede irreduzible Darstellung
von $\mathbb{C}T$ tritt als ein irreduzibler Konstituent in mindestens einer der irreduziblen Darstellungen der Gruppen-
algebra $\mathbb{C}G$ auf, wenn sie auf $\mathbb{C}T$ eingeschränkt werden. In
dem Fall, daß T = G//H ein zweiseitiger Nebenklassenring
ist, wird der Zusammenhang zwischen den Darstellungen
von G und denen von T durch den folgenden wohlbekannten

Satz beschrieben.

5.1 $\underline{\text{Satz}}$ ([15], S. 353 f.).

Sei D_1, ..., D_n ein vollständiges System von paarweise inäquivalenten irreduziblen Darstellungen von G, so daß für alle i = 1, ..., n die Einschränkung $D_i|_{\mathbb{C}G//H}$ von D_i auf die zweiseitige Nebenklassenalgebra $\mathbb{C}G//H$ von G bezüglich H vollständig ausreduziert ist. Dabei seien D_1, ..., D_r genau diejenigen unter den D_i, für welche $D_i|_{\mathbb{C}G//H} \neq 0$ gilt. Seien χ_1, ..., χ_n die zu D_1, ..., D_n gehörenden Charaktere von G. Dann gilt

a) für i = 1, ..., r: $D_i|_{\mathbb{C}G//H}$ enthält genau einen irreduziblen Konstituenten F_i und diesen genau einmal; es ist

$$\text{Grad}(F_i) = (1_H, \chi_i|_H) = (1_H^G, \chi_i).$$

Die Konstituenten F_1, ..., F_r bilden ein vollständiges System von paarweise inäquivalenten irreduziblen Darstellungen von $\mathbb{C}G//H$.

b) für i = r + 1, ..., n:

$$(1_H, \chi_i|_H) = (1_H^G, \chi_i) = 0 .$$

5.2 $\underline{\text{Definition}}$ ([14], S. 218; [20], 19.1).

Sei T ein Schur-Ring über G, und sei F eine Darstellung von $\mathbb{C}T$. Dann heiße die komplexwertige Funktion

$$\varphi: g \longmapsto \frac{1}{|\mathfrak{C}|} \text{Spur}(F(\underline{\mathfrak{C}})), \text{ wobei } \mathfrak{C} \text{ diejenige T-Klasse}$$
von G ist, die g enthält, $g \in G$,

der zu F gehörende $\underline{\text{T-Charakter}}$ von G. Der T-Charakter heiße $\underline{\text{irreduzibel}}$, wenn F eine irreduzible Darstellung ist.

Wegen der Halbeinfachheit der Schur-Algebra $\mathbb{C}T$ ist
die Anzahl der irreduziblen T-Charaktere gleich der
$\mathbb{C}$-Dimension der Algebra $\mathbb{C}Z(T) = Z(\mathbb{C}T)$.

5.3 <u>Definition</u> ([15], S. 351; [20], 20.1, 20.3).

Je zwei Elemente x, y $\in$ G heißen <u>G//H-konjugiert</u>, wenn
für alle Konjugiertenklassen $\mathcal{K}$ von G gilt:

$$\frac{|HxH \cap \mathcal{K}|}{|HxH|} = \frac{|HyH \cap \mathcal{K}|}{|HyH|} \ .$$

Dies ist genau dann der Fall, wenn für alle irreduziblen
G//H-Charaktere φ von G gilt:

$$\varphi(x) = \varphi(y)$$

([15], Theorem 4; [16], 2.1). Die zu dieser Äquivalenz-
relation gehörenden Äquivalenzklassen heißen die
<u>G//H-Konjugiertenklassen</u> von G. Mit $\mathcal{G}_{G//H}(x)$ werde die
G//H-Konjugiertenklasse bezeichnet, die x enthält.
Offenbar ist HxH $\subseteq \mathcal{G}_{G//H}(x)$ und $\mathcal{G}_{G//H}(1) = H$.

Man sieht leicht, daß im Fall H = 1 diese Definition
die (gewöhnliche) Konjugiertheit in G liefert.

5.4 <u>Satz</u> ([20], 20.8, 20.9).

Das Zentrum Z(G//H) des zweiseitigen Nebenklassenringes
G//H ist enthalten in dem von den G//H-Konjugiertenklassen-
summen $\mathcal{G}_{G//H}(g)$, g $\in$ G, aufgespanntem $\mathbb{Z}$-Modul.
Insbesondere ist die Anzahl der irreduziblen G//H-
Charaktere von G nicht größer als die Anzahl der G//H-
Konjugiertenklassen von G.

Der Ring Z(G//H) und der von den G//H-Konjugierten-
klassensummen aufgespannte $\mathbb{Z}$-Modul sind im allgemeinen
verschieden. Die Untergruppen H von G, für die hier
die Gleichheit gilt, erfassen wir durch die folgende

5.5 Definition ([21], 3.2, 5.1).

Eine Untergruppe H von G heiße eine CS-Untergruppe
von G, wenn die folgenden Aussagen gelten, die nach
[15], Theorem 3 paarweise gleichwertig sind:

(i) Z(G//H) ist ein Schur-Ring über G.

(ii) $\underline{\mathfrak{C}_{G//H}(g)} \in Z(G//H)$ für alle g ∈ G.

(iii) Die Anzahl der irreduziblen G//H-Charaktere von
      G ist gleich der Anzahl der G//H-Konjugierten-
      klassen von G.

(iv) Das Produkt von je zwei irreduziblen G//H-Charak-
     teren ist eine Linearkombination (mit komplexen
     Koeffizienten) von irreduziblen G//H-Charakteren.

Gelten (i) - (iv), so sind die G//H-Konjugierten-
klassen die Z(G//H)-Klassen von G.

Zu den CS-Untergruppen gehören alle diejenigen Untergruppen, die einen kommutativen zweiseitigen Nebenklassenring liefern, denn ist der Ring G//H kommutativ,
so hat er trivialerweise die Eigenschaft (i) in 5.5.
Ferner ist jeder Normalteiler eine CS-Untergruppe.
Genauer gilt:

5.6 <u>Lemma</u> ([16], 1.5).

Sei N ein Normalteiler von G. Dann sind die G//N-
Konjugiertenklassen von G genau die Mengen der Form
N$\mathfrak{X}$, wobei $\mathfrak{X}$ eine Konjugiertenklasse von G ist. Insbesondere sind alle G//N-Konjugiertenklassensummen in
$Z(\mathbb{Z}G)$ enthalten, es ist

$$Z(G//N) = Z(\mathbb{Z}G) \cap G//N ,$$

und N ist eine CS-Untergruppe von G.

Die folgende Vererbungseigenschaft des Begriffs der
CS-Untergruppe werden wir bei Induktionsbeweisen immer
wieder heranziehen.

5.7 <u>Lemma.</u>

Sei H eine CS-Untergruppe von G, und sei N $\trianglelefteq$ G. Dann
ist HN/N eine CS-Untergruppe von G/N.

<u>Beweis.</u> Sei

$$\alpha: \quad \mathbb{Z}G \longrightarrow \mathbb{Z}(G/N)$$

die lineare Fortsetzung auf den Gruppenring $\mathbb{Z}G$ des ka-
nonischen Epimorphismus G $\longrightarrow$ G/N . Die Einschränkung
von α auf den zweiseitigen Nebenklassenring G//H ist
ein Schur-Ring-Homomorphismus von G//H auf (G/N)//(HN/N)
im Sinne von [20], 1.5 (vgl. [20], 1.6). Nach [21], 4.4
ist dann HN/N eine CS-Untergruppe von G/N, w.z.b.w.

Wir erwähnen eine Ergänzung zu 1.5 für CS-Untergruppen:
ist H eine CS-Untergruppe von G und K ein G//H-Normal-

teiler von G, so ist K eine CS-Untergruppe von G
([21] , 5.2).

Da die G//H-Normalteiler von G genau diejenigen
Untergruppen K von G sind, für die $\underline{K} \in Z(G//H)$ gilt,
ergibt sich sofort aus 5.4: Jeder G//H-Normalteiler
ist eine Vereinigung von G//H-Konjugiertenklassen
([20], 20.22). Ist H eine CS-Untergruppe, so gilt
wegen 5.5 (ii) auch die Umkehrung: eine Untergruppe
von G ist G//H-normal genau dann, wenn sie eine Vereinigung von G//H-Konjugiertenklassen ist ([21], 4.1,
4.2). Insbesondere ist dann der Durchschnitt von je
zwei G//H-Normalteilern von G ein G//H-Normalteiler
von G, und die G//H-Normalteiler bilden einen modularen Teilverband des Untergruppenverbandes von G.

Nützlich für die Konstruktion von G//H-Normalteilern
ist der folgende Satz, der eine Verallgemeinerung eines
trivialen Satzes über Konjugiertenklassen ist.

5.8 <u>Satz.</u>
Sei H eine CS-Untergruppe von G, und sei M eine Vereinigung von G//H-Konjugiertenklassen, zu denen auch
H gehört. Dann ist die von M erzeugte Untergruppe $\langle M \rangle$
ein G//H-Normalteiler von G.
<u>Beweis.</u> Da G endlich ist und $1 \in M$, existiert eine
natürliche Zahl n, so daß

$$\langle M \rangle = M^n := M \cdot M \cdot \ldots \cdot M \quad \text{(n Faktoren)} .$$

Es ist

$$(\underline{M})^n = \sum_{g \in G} c_g g$$

mit nicht-negativen ganzen Zahlen c_g. Da H eine CS-
Untergruppe von G ist, ist jede G//H-Konjugierten-
klassensumme von G in Z(G//H) enthalten, und folglich
gilt $\underline{M} \in Z(G//H)$. Daher ist

$$(\underline{M})^n = \sum_{g \in G} c_g g \in Z(G//H) .$$

Da Z(G//H) ein Schur-Ring ist (5.5 (i)), folgt hieraus

$$\sum_{\substack{g \in G \\ c_g > 0}} g \in Z(G//H) .$$

Weil aber

$$M^n = \{ g \in G \mid c_g > 0 \} ,$$

ist $\underline{\langle M \rangle} = \underline{M^n} = \sum_{\substack{g \in G \\ c_g > 0}} g \in Z(G//H)$, d.h. $\langle M \rangle$ ist G//H-

normal, w.z.b.w.

6. Ein Kriterium für die Existenz
von CS-Untergruppen

Es soll ein Satz bewiesen werden, der unter speziellen Voraussetzungen über die normale Hülle und den
Normalisator einer Untergruppe auf ihre CS-Eigenschaft
schließt (6.2). Wenngleich diese Voraussetzungen sehr
eng sind, so erscheint uns doch dieser Satz als ein
erstes Ergebnis dieser Art notierenswert. Außerdem

werden wir ihn in den späteren Abschnitten benötigen.
Als eine Anwendung dieses Satzes geben wir in 6.4 eine
Klasse von nicht-abelschen endlichen Gruppen an, in
denen alle Untergruppen CS-Untergruppen sind.

6.1 Hilfssatz.

Sei N ein Normalteiler und $\mathcal{X}$ eine Konjugiertenklasse
von G. Dann ist

$$\underline{N}\ \underline{\mathcal{X}} = \frac{|N|\cdot|\mathcal{X}|}{|N\mathcal{X}|}\ \underline{N\mathcal{X}}\ .$$

Beweis. Da $\underline{N}\ \underline{\mathcal{X}} \in G//N \cap Z(\mathbb{Z}G) \subseteq Z(G//N)$, existiert
nach 5.6 eine natürliche Zahl n mit

$$\underline{N}\ \underline{\mathcal{X}} = n\ \underline{N\mathcal{X}}\ .$$

Indem man die Elemente auf den beiden Seiten dieser
Gleichung mit ihren Vielfachheiten abzählt, erhält man

$$n = \frac{|N|\cdot|\mathcal{X}|}{|N\mathcal{X}|}\ ,\ \text{w.z.b.w.}$$

6.2 Satz.

Sei H $\leq$ G, und die folgenden Voraussetzungen seien
erfüllt:

(1) $\mathcal{N}_G(H) \trianglelefteq G$.

(2) Für alle $x \in G \smallsetminus \mathcal{N}_G(H)$ ist $H^G = H^x H$.

(3) Für alle $x \in G$ und alle Konjugiertenklassen $\mathcal{L}$ von
   $\mathcal{N}_G(H)$ ist $H^G\mathcal{L} = H^G\mathcal{L}^x$.

Dann gilt:

a) Für alle $g \in \mathcal{N}_G(H)$ ist $\mathfrak{C}_{G//H}(g) = \mathfrak{C}_{\mathcal{N}_G(H)//H}(g)$,

   und für alle $g \in G \smallsetminus \mathcal{N}_G(H)$ ist $\mathfrak{C}_{G//H}(g) = \mathfrak{C}_{G//H^G}(g)$.

b) H ist eine CS-Untergruppe von G.

Beweis. a) I. Sei $g \in \mathcal{N}_G(H)$. Da für alle $K \leq G$ mit $H \leq K$ und alle $k \in K$ stets $\mathfrak{C}_{K//H}(k) \subseteq \mathfrak{C}_{G//H}(k)$ gilt ([21], 2.9), ist $\mathfrak{C}_{\mathcal{N}_G(H)//H}(g) \subseteq \mathfrak{C}_{G//H}(g)$. Um hier die Gleichheit zu zeigen, genügt es nach 5.4, die Aussage

$$\underline{\mathfrak{C}_{\mathcal{N}_G(H)//H}(g)} \in Z(G//H) \qquad (o)$$

zu beweisen.

Nach 5.6 existiert eine Konjugiertenklasse $\mathcal{L}$ von $\mathcal{N}_G(H)$, so daß $\mathfrak{C}_{\mathcal{N}_G(H)//H}(g) = H\mathcal{L}$. Wir setzen

$$c = \frac{|H\mathcal{L}|}{|H|\cdot|\mathcal{L}|} \quad \text{und} \quad d = \frac{|H^G|\cdot|\mathcal{L}|}{|H^G\mathcal{L}|} .$$

Für alle $x \in G \smallsetminus \mathcal{N}_G(H)$ gilt

$$HxH = xH^xH = xH^G \qquad \text{(nach (2))}$$

und $\underline{H\mathcal{L}}\ \underline{HxH} = c\ \underline{H}\ \underline{\mathcal{L}}\ x\ \underline{H^G}$ (nach 6.1)

$$= c\ \underline{H}\ \underline{H^G}\ \underline{\mathcal{L}}\ x$$

$$= c\ |H|\ \underline{H^G}\ \underline{\mathcal{L}}\ x$$

$$= c\ d\ |H|\ \underline{H^G\mathcal{L}}\ x \qquad \text{(wegen 6.1 und weil}$$
$$H^G \leq \mathcal{N}_G(H) \text{ nach (1))}$$

$$= c\ d\ |H|\ x\ \underline{H^G\mathcal{L}} \qquad \text{(nach (3))}$$

$$= c\ |H|\ x\ \underline{H^G}\ \underline{\mathcal{L}}$$

$$= c\ x\ \underline{H^G}\ \underline{H}\ \underline{\mathcal{L}}$$

$$= \underline{HxH}\ \underline{H\mathcal{L}} .$$

Da $\underline{H\mathcal{L}} \in Z(\mathbb{Z}\mathcal{N}_G(H))$, gilt für alle $y \in \mathcal{N}_G(H)$

$$\underline{H\mathcal{L}}\ \underline{HyH} = \underline{HyH}\ \underline{H\mathcal{L}} .$$

Also ist

$$\underline{\mathfrak{C}_{\mathcal{N}_G(H)//H}(g)} = \underline{H\mathcal{L}} \in Z(G//H) ,$$

womit (o) bewiesen ist. Also gilt

$$\mathfrak{C}_{G//H}(g) = \mathfrak{C}_{\mathcal{N}_G(H)//H}(g) .$$

II. Sei nun $g \in G \smallsetminus \mathcal{N}_G(H)$. Nach (1) und 5.4 ist $G \smallsetminus \mathcal{N}_G(H)$ eine Vereinigung von $G//H$-Konjugiertenklassen und eine Vereinigung von G/H^G-Konjugiertenklassen. Daraus folgt

$$\mathfrak{C}_{G//H}(g) = \{\, x \in G \smallsetminus \mathcal{N}_G(H) \mid \frac{|HxH \cap \mathfrak{X}|}{|HxH|} = \frac{|HgH \cap \mathfrak{X}|}{|HgH|}$$

für alle Konjugiertenklassen $\mathfrak{X}$ von $G \,\}$

$$= \{\, x \in G \smallsetminus \mathcal{N}_G(H) \mid \frac{|xH^G \cap \mathfrak{X}|}{|xH^G|} = \frac{|gH^G \cap \mathfrak{X}|}{|gH^G|}$$

für alle Konjugiertenklassen $\mathfrak{X}$ von $G \,\}$

$$= \mathfrak{C}_{G//H^G}(g) \,.$$

Damit ist a) vollständig bewiesen.

b) Für alle $g \in \mathcal{N}_G(H)$ ist

$$\underline{\mathfrak{C}_{G//H}(g)} = \underline{\mathfrak{C}_{\mathcal{N}_G(H)//H}(g)} \in Z(G//H)$$

nach a) und der oben bewiesenen Gleichung (o). Für alle $g \in G \smallsetminus \mathcal{N}_G(H)$ ist

$$\underline{\mathfrak{C}_{G//H}(g)} = \mathfrak{C}_{G//H^G}(g) \in Z(\mathbb{Z}G)$$

nach a) und 5.6. Somit ist H eine CS-Untergruppe von G, w.z.b.w.

Wir ziehen Folgerungen aus dem eben bewiesenen Satz:

6.3 <u>Korollar.</u>

Die Untergruppe H von G sei ein maximaler Normalteiler von G'H.

a) H ist eine CS-Untergruppe von G.

b) Wenn $\mathcal{N}_G(H)/H$ abelsch ist, so ist $G//H$ kommutativ.

<u>Beweis.</u> Ist $H \trianglelefteq G$, so gelten a) (wegen 5.6) und b). Sei nun $H \ntrianglelefteq G$. Dann ist

$$G'H = H^G \leq \mathcal{N}_G(H).$$

Also gelten 6.2 (1), (3). Ist $x \in G \smallsetminus \mathcal{N}_G(H)$, so sind H und H^x zwei verschiedene maximale Normalteiler von $H^G = G'H$. Somit gilt 6.2 (2).

a) folgt aus 6.2 b). Wir beweisen b). Sei $\mathcal{N}_G(H)/H$ abelsch. Dann ist $\mathcal{N}_G(H)//H$ kommutativ, und 5.4 liefert $\mathcal{C}_{\mathcal{N}_G(H)//H}(g) = HgH = Hg$ für alle $g \in \mathcal{N}_G(H)$. Weil $G/H^G = G/G'H$ abelsch ist, gilt

$$\mathcal{C}_{G//H^G}(g) = H^G g = HH^{g^{-1}} g = HgH$$

für alle $g \in G \smallsetminus \mathcal{N}_G(H)$. Nach 6.2 ist daher

$$\underline{HgH} = \mathcal{C}_{G//H}(g) \in Z(G//H)$$

für alle $g \in G$, d.h. $G//H$ ist kommutativ, w.z.b.w.

Wir suchen nach Gruppen G, so daß für möglichst viele Untergruppen H von G die Voraussetzung von 6.3 erfüllt ist. Dabei erhalten wir:

6.4 <u>Korollar.</u>

Sei p der kleinste Primteiler von $|G|$, und golte $|G'| = p$. Dann sind alle Untergruppen von G CS-Untergruppen von G.

<u>Beweis.</u> Sei $H \leq G$. Ist $G' \leq H$, so ist $H \trianglelefteq G$. Ist $G' \nleq H$, so ist $|G'H : H| = p$, und die Voraussetzungen von 6.3 sind erfüllt. In jedem Fall ist H eine CS-Untergruppe, w.z.b.w.

7. Kommutative zweiseitige Nebenklassenringe bezüglich Untergruppen von minimaler Ordnung

Es hat sich gezeigt, daß der Begriff der CS-Untergruppe schwierig zu handhaben ist. Das Problem, wann eine Untergruppe eine CS-Untergruppe ist, scheint bisher nur unter zusätzlichen Voraussetzungen angreifbar zu sein. In den folgenden Abschnitten werden wir uns daher mit CS-Untergruppen von der Ordnung 2 beschäftigen. In diesem Abschnitt werden wir statt von der CS-Eigenschaft einer Untergruppe von einer wesentlich stärkeren Voraussetzung, nämlich der Kommutativität des zweiseitigen Nebenklassenringes, ausgehen. Wir untersuchen diejenigen Gruppen G, die eine Untergruppe H, deren Ordnung gleich dem kleinsten Primteiler von $|G|$ ist, besitzen, so daß der zweiseitige Nebenklassenring $G//H$ kommutativ ist. Der Fall, daß H normal in G ist, wird in 7.1 behandelt. Der gesamte übrige Teil dieses Abschnittes befaßt sich mit dem Fall, daß H nicht normal in G ist.

Der folgende Satz ist im wesentlichen in [7], III, 13.7 enthalten.

7.1 Satz.

Sei p der kleinste Primteiler von $|G|$, und sei $|G'| = p$. Dann ist G nilpotent, das p-Komplement von G ist abelsch, und die p-Sylowgruppe P von G ist ein direktes Produkt

mit vereinigten Zentren von Gruppen P_i mit
$|P_i/Z(P_i)| = p^2$ und $Z(P_i) = Z(P)$. Insbesondere ist
$G/Z(G) \cong P/Z(P)$ eine elementar-abelsche p-Gruppe,
deren Ordnung ein Quadrat ist.

Beweis. Da $|G'| = p$, ist $G' \leq Z(G)$. Somit ist G nilpo-
tent mit abelschem p-Komplement. Da jede Nebenklasse
von P bezüglich P' eine Vereinigung von Konjugiertenklassen von P ist, gilt

$$|P : \mathcal{C}_p(x)| \leq |P'x| = |P'| = |G'| = p$$

für alle $x \in P$. Es ist $P/Z(P) = P/\bigcap_{x \in P} \mathcal{C}_p(x)$ isomorph
zu einer Untergruppe der elementar-abelschen p-Gruppe

$$\bigtimes_{x \in P} P/\mathcal{C}_p(x) ,$$

also selbst elementar-abelsch. Sei $G' = P' = \langle z \rangle$. Nun
wird $P/Z(P)$ durch die Festsetzung

$$f(\bar{x},\bar{y}) = n \quad \text{für } \bar{x} = xZ(P), \bar{y} = yZ(P) \text{ und } [x,y] = z^n$$

zu einem nicht ausgearteten symplektischen Vektorraum
über GF(p). Aus der orthogonalen Zerlegung von $P/Z(P)$
in hyperbolische Ebenen ergibt sich die Behauptung
(vgl. [7], III, 13.7 b),c),d)).

7.2 Satz.

Sei p der kleinste Primteiler von $|G|$, und sei H eine
nicht-normale Untergruppe von der Ordnung p von G.

a) Ist $H \nleq G'$, so ist $G//H$ kommutativ genau dann, wenn
in G ein normales abelsches Komplement zu H existiert.

b) Ist $H \leq G'$ und $p = 2$, so ist $G//H$ kommutativ genau
dann, wenn G ein semidirektes Produkt einer elementar-
abelschen Gruppe von der Ordnung 4 mit einer abelschen
Gruppe zu einem Automorphismus von der Ordnung 3 ist.

c) Ist $H \leq G'$ und $p > 2$, so ist $G//H$ kommutativ genau
dann, wenn $G/Z(G)$ eine nicht-abelsche Gruppe von der
Ordnung p^3 und vom Exponenten p ist.

Der Beweis dieses Satzes wird in 7.6, 7.9 c), 7.16
und 7.18 erbracht werden. Sind die Voraussetzungen von
7.2 erfüllt, und ist $G//H$ kommutativ, so haben, von
einem Ausnahmefall abgesehen, alle irreduziblen Darstellungen von G über dem komplexen Zahlkörper den Grad 1
oder p (7.9, 7.17). Während der Beweis dieser Aussage
in dem Fall, daß H nicht in G' enthalten ist, durch
kombinatorische Betrachtungen (7.9) erbracht wird, ist
der Weg im Fall, daß H in G' enthalten ist, kompli-
zierter: den entscheidenden Zugang gibt, neben dem Nachweis der Nilpotenz von G (7.12), die Feststellung, daß
G metabelsch ist (7.15). Ein Satz von I. M. ISAACS und
D. S. PASSMAN, der diejenigen Gruppen beschreibt, deren
irreduzible Darstellungen alle den Grad 1 oder p haben
(7.7), liefert das weitere Rüstzeug, um die Gruppe G zu
charakterisieren. Der erwähnte Ausnahmefall tritt ein,
wenn (siehe 7.2 b)) $p = 2$ und H in G' enthalten ist.
Zwar ist auch dort der Nachweis, daß G metabelsch ist,
ein wesentlicher Punkt, doch G ist nicht nilpotent und
im Beweisgang werden die Grade der irreduziblen Dar-

stellungen von G - die gleich 1 oder 3 sind - nicht
in Betracht gezogen (7.13).

Ist der zweiseitige Nebenklassenring G//H kommutativ,
so ist jede Untergruppe von G, die H enthält, G//H-
normal. Wir werden im folgenden die Ergebnisse über
G//H-Normalteiler von Kapitel I, vor allem von Abschnitt 4, häufig heranziehen. Der G//H-Normalteiler
erweist sich damit als überaus hilfreicher Begriff bei
der Untersuchung von zweiseitigen Nebenklassenringen.

Wir können - der Beweis sei dem Leser überlassen -
7.2 b) so formulieren, daß die Verwandtschaft der
Aussagen 7.2 b) und 7.2 c) deutlicher zutage tritt:

Unter den Voraussetzungen von 7.2 gilt:
b') Ist $H \leqq G'$ und $p = 2$, so ist G//H kommutativ genau
dann, wenn $G/Z(G)$ isomorph zur alternierenden Gruppe A_4
vom Grade 4 ist.

Eine triviale Folgerung aus 7.2 a), b) ist:

7.3 <u>Korollar.</u>

Sei 3 kein Teiler von $|G|$. Sei H eine nicht-normale
Untergruppe von der Ordnung 2 von G. Dann ist G//H
kommutativ genau dann, wenn in G ein normales abelsches Komplement zu H existiert.

Wir beginnen den Beweis von 7.2 mit zwei Hilfssätzen.

7.4 <u>Hilfssatz</u> ([7], S. 259, 2)).

G besitze einen abelschen Normalteiler A, so daß G/A
zyklisch ist. Dann ist

$$|A| = |G'| \cdot |A \cap Z(G)|.$$

Insbesondere gilt:

a) Ist G nicht abelsch, und besitzt G einen abelschen
Normalteiler von Primzahlindex p, so ist

$$|G| = p \, |G'| \cdot |Z(G)|.$$

b) Ist $|G/Z(G)| = p^2$ für eine Primzahl p, so ist

$$|G'| = p.$$

<u>Beweis.</u> Sei $G/A = \langle Ag \rangle$. Da G' in der abelschen Gruppe
A enthalten ist, liefern einfache Rechenregeln ([7],
III, 1.2): $[g,x][g,y] = [g,xy]$ und $[g^i x, g^j y] =$
$[g^i,y][g^j,x^{-1}]$ für alle x, y $\in$ A und i, j $\in$ $\mathbb{Z}$. Da
$[g^i,x] = [g^{i-1},x^g][g,x]$, ist $[g^i,x]$ ein Produkt von
Elementen der Form $[g,a]$ mit a $\in$ A, also selbst von
dieser Form. Insgesamt erhält man: die Abbildung

$$\alpha: x \longmapsto [g,x], \quad x \in A,$$

ist ein Epimorphismus von A auf G'. Daher ist
$G' \cong A/\mathrm{Ker}(\alpha) = A/A \cap Z(G)$, woraus die Behauptung folgt.

7.5 <u>Hilfssatz.</u>

Sei $|G/Z(G)| = p^3$ für eine Primzahl p. Dann gilt:

a) Für alle g $\in$ G $\setminus$ Z(G) ist $\mathscr{C}_G(g)$ abelsch.

b) Falls G einen abelschen Normalteiler vom Index p
besitzt, ist $|G'| = p^2$; andernfalls ist $|G'| = p^3$.

Beweis. a) Sei $g \in G \setminus Z(G)$. Dann ist $Z(G) < \langle g, Z(G) \rangle \leq \mathcal{C}_G(g) < G$. Also ist $\langle g, Z(G) \rangle$ eine zentrale Untergruppe von $\mathcal{C}_G(g)$ vom Index p oder 1. Hieraus folgt die Behauptung.

b) Besitzt G einen abelschen Normalteiler vom Index p, so gilt nach 7.4 a)

$$|G| = p \, |G'| \cdot |Z(G)| = p \; |G'| \cdot \frac{1}{p^3} \, |G| ,$$

woraus sich $|G'| = p^2$ ergibt.

Nun besitze G keinen abelschen Normalteiler vom Index p. Sei $B \trianglelefteq G$ mit $|G : B| = p$ und $Z(G) \leq B$. Da B nicht abelsch ist, gilt $|B/Z(B)| = |B/Z(G)| = p^2$. Aus 7.4 b) folgt $|B'| = p$. Es ist $B' < G'$, denn sonst wäre $|G'| = p$, und dies würde in Verbindung mit $|G/Z(G)| = p^3$ einen Widerspruch zu 7.1 liefern. (Da G nilpotent ist, läßt sich hier 7.1 heranziehen, auch wenn p nicht der kleinste Primteiler von G ist.) Da B/B' ein abelscher Normalteiler vom Index p der nicht-abelschen Gruppe G/B' ist, folgt aus 7.4 a), daß $|G/B'| = p|G'/B'| \cdot |Z(G/B')|$. Somit ist

$$|G'| = \frac{|G|}{p \, |Z(G/B')|} \cdot \tag{o}$$

Sei $zB' \in Z(G/B')$. Dann ist $z^g B' = (zB')^g = zB'$ für alle $g \in G$. Wegen $|zB'| = |B'| = p$ folgt $|G : \mathcal{C}_G(z)| \leq p$. Da G keinen abelschen Normalteiler vom Index p besitzt, ist $z \in Z(G)$ nach a). Somit ist $Z(G/B') \leq Z(G)/B'$, und damit

$$Z(G)/B' = Z(G/B').$$

Aus (o) folgt

$$|G'| = \frac{|G|}{p|Z(G)/B'|} = \frac{|G|}{|Z(G)|} = p^3 , \quad \text{w.z.b.w.}$$

7.6 Wir erbringen den <u>Beweis</u> dafür, daß unter den Voraussetzungen von 7.2 die in 7.2 a), b), c) genannten Bedingungen für die Kommutativität von G//H <u>hinreichend</u>
sind.

a) Ist die Gruppe G = HA das Produkt der Untergruppen
H und A, so ist G//H isomorph zu einem Schur-Ring über
A ([20], 15.5). Ist also A abelsch, so ist G//H kom-
mutativ.

b) Sei G = VA ein semidirektes Produkt einer elementar-
abelschen Gruppe V von der Ordnung 4 mit einer abelschen
Gruppe A zu einem Automorphismus von der Ordnung 3.
Ferner sei $H \leq G'$. Die Gruppe G' = V hat die Ordnung 4,
und $\mathcal{N}_G(H) = V(A \cap \mathcal{N}_G(H))$ ist abelsch. Somit sind die
Voraussetzungen von 6.3 b) erfüllt, und G//H ist demnach
kommutativ.

c) Seien die Voraussetzungen von 7.2 c) gegeben, und sei
G/Z(G) eine nicht-abelsche Gruppe von der Ordnung p^3.
Da $H \not\leq Z(G)$, ist $\mathcal{N}_G(H) = \mathfrak{C}_G(H)$ abelsch nach 7.5 a). Ist
$|G'| = p^2$, so sind wegen $H \leq G'$ die Voraussetzungen von
6.3 b) erfüllt, und G//H ist kommutativ.

Sei nun $|G'| \neq p^2$. Nach 7.5 b) ist $|G'| = p^3$, und G
besitzt keinen abelschen Normalteiler vom Index p. Da
$\mathcal{N}_G(H)$ abelsch ist, folgt $\mathcal{N}_G(H) = H Z(G)$. Seien x, y ∈ G.
Zu zeigen ist

$$\underline{HxH}\ \underline{HyH} = \underline{HyH}\ \underline{HxH}.$$

Ist x ∈ H Z(G) = $\mathcal{N}_G(H)$, so existiert z ∈ Z(G), so daß
$\underline{HxH} = \underline{HzH} = \underline{Hz} \in Z(G//H)$, woraus das Gewünschte folgt.

Seien nun x, y $\notin \mathcal{N}_G(H)$.

Da $|G/Z(G)| = p^3$ gilt, ist G' abelsch. Wegen $H \leq G'$ sind HH^x und HH^y elementar-abelsche Untergruppen von der Ordnung p^2 von G'. Weil $|(G/Z(G))'| = p$, ist $G' \leq Z(G)H$, also auch $HH^x \leq Z(G)H$. Sei $N = HH^x \cap Z(G) \trianglelefteq G$. Dann ist $HH^x = HN$. Daher ist HH^x ein G//H-Normalteiler von G. Nach 1.3 ist $x \in \mathcal{N}_G(HH^x)$. Also sind

$$H, H^x, \ldots, H^{x^{p-1}}, N$$

genau die p+1 Untergruppen von der Ordnung p von HH^x.

<u>1. Fall</u>: $y \in \mathcal{N}_G(HH^x)$: Dann ist $H^y \leq HH^x$. Daher gibt es ein $i \in \mathbb{Z}$, so daß $H^y = H^{x^i}$. Dann ist $yx^{-i} \in \mathcal{N}_G(H) = Z(G)H$. In $E = \langle H, Z(G), y, x \rangle = \langle H, Z(G), yx^{-i}, x \rangle = \langle H, Z(G), x \rangle$ existiert zu H das abelsche Komplement $\langle x, Z(G) \rangle$. Also ist E//H kommutativ, woraus die Vertauschbarkeit von <u>HxH</u> und <u>HyH</u> folgt.

<u>2. Fall</u>: $y \notin \mathcal{N}_G(HH^x)$: Nach 1.3 ist $H^y \nleq HH^x$, also auch $H^x \nleq HH^y$. Es folgt $x \notin \mathcal{N}_G(HH^y)$. Da $x \in \mathcal{N}_G(HH^x)$, ist $yx \notin \mathcal{N}_G(HH^x)$. Aus 1.3 folgt $H^{yx} \nleq HH^x$. Somit ist $|H^{yx}H^xH| = p^3$, und wegen $|G'| = p^3$ folgt $G' = H^{yx}H^xH$. Durch Vertauschen von x und y erhält man $G' = H^{xy}H^yH$. Wir setzen $c = \frac{|HxH| \cdot |HyH|}{|H|^4}$. Wegen $\underline{HgH} = \frac{|HgH|}{|H|^2} \underline{H} g \underline{H}$ für alle $g \in G$, ist

$$\underline{HxH} \; \underline{HyH} = c \, \underline{H} x \underline{H} \; \underline{H} y \underline{H} = c \, |H| \; \underline{H} x \underline{H} y \underline{H} =$$
$$= c \, |H| \; xy \; \underline{H^{xy}} \underline{H^y} \underline{H} = c \, |H| \; xy \; \underline{G'} =$$
$$= c \, |H| \; yx \; \underline{G'} = c \, |H| \; yx \; \underline{H^{yx}} \underline{H^x} \underline{H} =$$
$$= c \, |H| \; \underline{H} y \underline{H} x \underline{H} = c \, \underline{HyH} \; \underline{HxH} =$$
$$= \underline{HyH} \; \underline{HxH} \; , \quad \text{w.z.b.w.}$$

In den Beweis, daß die in 7.2 a), b), c) genannten
Bedingungen für die Kommutativität von G//H notwendig
sind, wird der folgende Satz von I. M. ISAACS und D.
S. PASSMAN entscheidend eingehen. Wir zitieren ihn
deshalb unverkürzt zur Bequemlichkeit des Lesers.

7.7 Satz ([8], Theorem II).

Sei p eine Primzahl. Alle irreduziblen Darstellungen
von G haben den Grad 1 oder p genau dann, wenn G von
einem der folgenden Typen ist:

(1) G ist abelsch.

(2) G hat einen abelschen Normalteiler vom Index p.

(3) $G/Z(G)$ ist von der Ordnung p^3.

7.8 Bemerkung.

Sei U eine Untergruppe von der Primzahlordnung p von G.
Dann ist
$$\dim(G//U) = \frac{1}{p^2}\left(|G| + (p-1)\,|\mathcal{N}_G(U)|\right).$$

Beweis. Da $|UgU| = p^2$ für alle $g \in G \smallsetminus \mathcal{N}_G(U)$, ist

$$\dim(G//U) = \frac{|\mathcal{N}_G(U)|}{p} + \frac{|G \smallsetminus \mathcal{N}_G(U)|}{p^2}\ ,\ \text{woraus die Behaup-}$$

tung folgt.

7.9 Lemma.

Sei G nicht abelsch. Sei p der kleinste Primteiler von
|G|, und sei H eine Untergruppe von der Ordnung p von G.
Sei G//H kommutativ und $H \not\leq G'$. Dann gilt:

a) Alle irreduziblen Charaktere von G haben den Grad 1 oder p, und für jeden irreduziblen Charakter χ vom Grad p von G ist $(1_H^G, \chi) = 1$.

b) $|G| = |G'| \cdot |\mathcal{N}_G(H)|$.

c) In G existiert zu H ein normales abelsches Komplement.

Beweis. Es ist $H \not\trianglelefteq G$, denn sonst würde aus der Kommutativität von G/H folgen: $G' = H$ oder $G' = 1$.

a) Seien $\chi_1, \ldots, \chi_n$ die irreduziblen Charaktere von G. Da G//H kommutativ ist, haben alle irreduziblen Darstellungen von $\mathbb{C}G//H$ den Grad 1. Aus 5.1 folgt

$$(1_H^G, \chi_i) \leq 1 \text{ für alle } i = 1, \ldots, n.$$

Da HG'/G' eine Untergruppe von der Ordnung p von G/G' ist, gibt es genau $\frac{1}{p} |G : G'|$ Charaktere χ vom Grad 1 von G, für die $(1_H^G, \chi) = 1$ gilt. Seien $\chi_1, \ldots, \chi_m$ die irreduziblen Charaktere vom Grad > 1 von G, und seien $\chi_1, \ldots, \chi_s$ $(s \leq m)$ diejenigen unter ihnen, für die $(1_H^G, \chi_i) = 1$ gilt. Dann ist

$$\text{Grad}(1_H^G) = \sum_{i=1}^{n} (1_H^G, \chi_i) \, \text{Grad}(\chi_i)$$

$$= \frac{1}{p} |G : G'| + \sum_{i=1}^{s} \text{Grad}(\chi_i).$$

Ferner ist

$$\text{Grad}(1_H^G) = \frac{|G|}{|H|} = \frac{|G|}{p} = \frac{1}{p} \sum_{i=1}^{n} \text{Grad}(\chi_i)^2$$

$$= \frac{1}{p} \left(|G : G'| + \sum_{i=1}^{m} \text{Grad}(\chi_i)^2 \right).$$

Also ist

$$\sum_{i=1}^{s} \text{Grad}(\chi_i) = \frac{1}{p} \sum_{i=1}^{m} \text{Grad}(\chi_i)^2 .$$

Da p der kleinste Primteiler von $|G|$ ist, ist $\operatorname{Grad}(\chi_i) \geq p$
für alle $i = 1, \ldots, m$. Aus $s \leq m$ folgt nun $s = m$ und
$\operatorname{Grad}(\chi_i) = p$ für alle $i = 1, \ldots, m$, was zu zeigen war.

b) Sei r die Anzahl der irreduziblen Charaktere χ von
G mit $(1_H^G, \chi) = 1$. Da es genau $\frac{1}{p}|G:G'|$ Charaktere χ vom
Grad 1 von G gibt, für die $(1_H^G, \chi) = 1$ gilt, und da nach
a) für jeden der $\frac{1}{p^2}(|G| - |G:G'|)$ Charaktere vom Grad p
von G stets $(1_H^G, \chi) = 1$ ist, erhält man

$$r = \frac{1}{p}|G:G'| + \frac{1}{p^2}(|G| - |G:G'|) = \frac{G}{p^2} + \frac{p-1}{p^2}|G:G'|.$$

Weil alle irreduziblen Darstellungen von $\mathbb{C}G//H$ den Grad
1 haben, ist nach 5.1 $r = \dim(G//H)$. Nach 7.8 ist
$\dim(G//H) = \frac{|G|}{p^2} + \frac{p-1}{p^2}|\mathcal{N}_G(H)|$. Somit ergibt sich

$$\frac{|G|}{p^2} + \frac{p-1}{p^2}|G:G'| = \frac{|G|}{p^2} + \frac{p-1}{p^2}|\mathcal{N}_G(H)|.$$

Hieraus folgt $|G:G'| = |\mathcal{N}_G(H)|$.

c) Angenommen, G besitzt keinen abelschen Normalteiler
vom Index p. Aus a) und 7.7 folgt $|G/Z(G)| = p^3$. Nun ent-
nimmt man 7.5 b), daß $|G'| = p^3$. Da $H \not\trianglelefteq G$, ist
$|G : \mathcal{N}_G(H)| \leq |G : Z(G)H| = p^2$. Dies widerspricht b).
Also besitzt G einen abelschen Normalteiler N vom
Index p.

Ist $H \not\trianglelefteq N$, so ist N ein Komplement zu H in G. Sei nun
$H \leq N$. Dann ist $N = \mathcal{N}_G(H)$. Nach b) gilt $|G'| = |G:N| = p$.
Aus 7.4 a) folgt $|G| = p|G'| \cdot |Z(G)| = p^2 |Z(G)|$. Also ist
$G/Z(G)$ eine elementar-abelsche Gruppe von der Ordnung
p^2, und die Existenz eines normalen Komplementes zu H
in G ist gesichert, w.z.b.w.

Mit 7.9 c) ist bewiesen, daß unter den Voraussetzungen von 7.2 a) die dort genannte Bedingung für die Kommutativität von G//H notwendig ist. Wir wenden uns nun
7.2 b), c), also dem Fall H $\leq$ G' zu.

7.10 <u>Hilfssatz.</u>

G besitze einen abelschen Normalteiler A vom Index 2.
Dann ist jede Involution von G' in Z(G) enthalten.

<u>Beweis.</u> Sei a $\in$ A und g $\in$ G $\smallsetminus$ A. Dann ist

$$[a,g]^g = (a^{-1}g^{-1}ag)^g$$
$$= g^{-1}a^{-1}g^{-1}(ag^2)$$
$$= g^{-1}a^{-1}g^{-1}(g^2a) \qquad (da \ g^2 \in A)$$
$$= g^{-1}a^{-1}ga$$
$$= [a,g]^{-1}.$$

Da jeder Kommutator von G die Gestalt [a,g] mit a $\in$ A
hat, und da G' als Untergruppe von A abelsch ist,
erhält man $x^g = x^{-1}$ für alle x $\in$ G'. Also ist $x^g = x$
für alle Involutionen von G'. Hieraus folgt die Behauptung.

7.11 <u>Hilfssatz.</u>

Sei G eine metabelsche Gruppe, H eine Untergruppe von
G' mit H_G = 1. Sei G//H kommutativ. Dann ist $\mathcal{N}_G(H)$ ein
abelscher Normalteiler von G.

<u>Beweis.</u> Da G" = 1, ist G' $\leq \mathcal{N}_G(H)$. Folglich ist $\mathcal{N}_G(H) \trianglelefteq$ G.
Weil G//H kommutativ ist, ist $\mathcal{N}_G(H)/H$ abelsch, also
$\mathcal{N}_G(H)' \leq$ H. Aus $\mathcal{N}_G(H)' \trianglelefteq$ G und H_G = 1 folgt $\mathcal{N}_G(H)'$ = 1,
w.z.b.w.

Das folgende Lemma ist ein erster wichtiger Schritt im Beweis von 7.2 b) und c).

7.12 Lemma.

Sei p der kleinste Primteiler von $|G|$, und sei H eine Untergruppe von der Ordnung p von G mit $H \leq G'$. Sei G//H kommutativ. Dann gilt:

a) $H^G = G'$.

b) G' ist eine p-Gruppe. Insbesondere besitzt G eine normale p-Sylowgruppe.

c) Ist $p > 2$, so ist G nilpotent.

d) Ist $p = 2$ und $H \ntrianglelefteq G$, so ist G nicht nilpotent.

Beweis. a) Aus $H \leq G'$ folgt $H^G \leq G'$. Da G//H kommutativ ist, ist G/H^G abelsch. Also ist $G' \leq H^G$ und damit $H^G = G'$.

b) Nach a) genügt es zu zeigen, daß G eine normale p-Sylowgruppe besitzt. Sei G ein Gegenbeispiel von kleinstmöglicher Ordnung, und sei P eine p-Sylowgruppe von G mit $H \leq P$.

Angenommen, es ist $P_G > 1$. Ist $H \leq P_G$, so ist nach a) $G' = H^G \leq P_G \leq P$ und damit $P \trianglelefteq G$. Ist $H \ntrianglelefteq P_G$, so liefert die Gültigkeit der Aussage für G/P_G, HP_G/P_G, daß $P/P_G \trianglelefteq G/P_G$, also $P \trianglelefteq G$. Damit ist $P_G = 1$ gezeigt.

Da G//H kommutativ ist, ist P G//H-normal. Aus 4.3 folgt nun

$$P = HP_G = H.$$

Also gilt $|P| = p$. Nach einem Satz von Burnside ([7],

IV, 2.8) existiert in G zu H ein normales Komplement.

Daher ist H = P $\nleq$ G', im Widerspruch zur Voraussetzung.

c) Nach b) genügt es zu zeigen: G ist p-nilpotent. Sei G ein Gegenbeispiel von kleinstmöglicher Ordnung.

1.) Es ist H $\neq$ G.

Denn sonst wäre G' = H nach a), und G wäre nilpotent nach 7.1.

2.) Ist M $\trianglelefteq$ G und p kein Teiler von |M|, so gilt M = 1.

Denn wäre M > 1, so wäre nach der Wahl von G die Gruppe G/M p-nilpotent. Also wäre auch G p-nilpotent.

3.) Aus H $\leq$ U < G folgt: U ist p-nilpotent.

Wir können U als nicht-abelsch voraussetzen. Falls H $\leq$ U', folgt die p-Nilpotenz aus |U| < |G|; falls H $\nleq$ U', ist U nach 7.9 c) p-nilpotent.

4.) Sei q ein von p verschiedener Primteiler von |G|, und sei Q $\leq$ G mit |Q| = q. Dann ist G = G'Q.

Denn wäre G'Q < G, so wäre nach b) und 3.) Q eine charakteristische Untergruppe von G'Q, also Q $\trianglelefteq$ G, im Widerspruch zu 2.).

5.) Es ist $\Phi(G') = 1$.

Angenommen, es ist $\Phi(G') > 1$. Da H $\nleq$ $\Phi(G')$ nach a), ist vermöge der Wahl von G die Gruppe G/$\Phi(G')$ p-nilpotent. Da G = G'Q, folgt Q $\Phi(G')/\Phi(G') \trianglelefteq$ G/$\Phi(G')$, also Q$\Phi(G') \trianglelefteq$ G. Da $\Phi(G')$H < G', ist $\Phi(G')$H Q < G'Q = G. Nach 3.) ist Q eine charakteristische Untergruppe von $\Phi(G')$H Q und damit auch von Q$\Phi(G')$. Also ist Q $\trianglelefteq$ G, im Widerspruch zu 2.).

6.) Es ist $|G'| = p^2$.

Nach 5.) ist G' elementar-abelsch. Sei x ein erzeugendes Element von Q. Aus $G = G'Q$ und $H \ntriangleleft G$ folgt $H^x \neq H$. Da $G//H$ kommutativ ist, ist HH^x $G//H$-normal. Aus 1.3 folgt $x \in \mathcal{N}_G(HH^x)$. Also ist $HH^x \trianglelefteq G$. Nach a) ist nun $G' = HH^x$, also $|G'| = p^2$.

7.) Schluß des Beweises: Weil $|G'| = p^2$, besitzt G' genau $p + 1$ Untergruppen von der Ordnung p. Wegen $p < q$ und $G = G'Q$ ist dann $q = p + 1$. Also ist $p = 2$, was ausgeschlossen worden war.

d) Falls es ein Gegenbeispiel gibt, so läßt sich unter Ausnutzung von a) und der Nilpotenz ein Gegenbeispiel G mit $|G'| = 4$ konstruieren. Dann ist G' elementar-abelsch, denn sonst wäre $H \trianglelefteq G$. Ferner ist $|G : \mathcal{N}_G(H)| = 2$. Nach 7.11 ist $\mathcal{N}_G(H)$ abelsch. Nun liefert 7.10 den Widerspruch $H \trianglelefteq G$.

7.13 Lemma.

Sei G eine metabelsche Gruppe, H eine nicht-normale Untergruppe von der Ordnung 2 von G mit $H \leq G'$. Sei $G//H$ kommutativ. Dann ist G' elementar-abelsch von der Ordnung 4 und $|G : \mathcal{N}_G(H)| = 3$.

Beweis. Sei Q ein 2-Komplement von G. Wäre $Q \leq \mathcal{N}_G(H)$, so wäre $Q \trianglelefteq G$ nach 7.11. Hieraus und aus 7.12 b) würde die Nilpotenz von G folgen, im Widerspruch zu 7.12 d). Also ist $Q \nleq \mathcal{N}_G(H)$.

Somit existiert $g \in G \smallsetminus \mathcal{N}_G(H)$, so daß g von ungerader Ordnung ist. Sei $K = HH^g = H^gH$. Da K $G//H$-normal ist, folgt $g \in \mathcal{N}_G(K)$ aus 1.3. Da g von ungerader Ordnung ist, sind H, H^g, H^{g^2} genau die Untergruppen von der Ordnung 2 von K.

Sei $x \in G$. Weil K $G//H$-normal ist, gilt $K = H(K \cap K^x)$. Folglich existiert $i \in \{1, 2\}$, so daß $H^{g^i} \leq K \cap K^x$. Also ist $H^{g^i x^{-1}} \leq K$, und nach 1.3 $g^i x^{-1} \in \mathcal{N}_G(K)$. Somit ist $x \in \mathcal{N}_G(K)$. Daher gilt $K \trianglelefteq G$, und damit $K = H^G = G'$ nach 7.12 a). Also ist G' elementar-abelsch von der Ordnung 4, und da H, H^g, H^{g^2} die Untergruppen von der Ordnung 2 von $K = G'$ sind, ist $|G : \mathcal{N}_G(H)| = 3$, w.z.b.w.

7.14 Lemma.

Es gibt keine Gruppe, deren Kommutatorgruppe isomorph zur Diedergruppe D_4 von der Ordnung 8 ist.

Beweis. Sei G eine Gruppe mit $G' \cong D_4$. Sei K die Untergruppe derjenigen Elemente von G, die auf G' innere Automorphismen von G' bewirken, also $K = \mathcal{C}_G(G')G'$. Da die äußere Automorphismengruppe von D_4 die Ordnung 2 hat, ist $|G : K| \leq 2$. Ferner ist $K/\mathcal{C}_G(G') = \mathcal{C}_G(G')G'/\mathcal{C}_G(G') \cong G'/Z(G')$, also $|K : \mathcal{C}_G(G')| = 4$. Nun existiert $N \trianglelefteq G$ mit $\mathcal{C}_G(G') < N < K$. Dann ist $|G/N| \leq 4$, also ist G/N abelsch. Wir erhalten den Widerspruch $N \geq \langle G', \mathcal{C}_G(G') \rangle = K$.

Wir beweisen nun, daß in 7.11 (falls H von minimaler Ordnung) und 7.13 die Voraussetzung, daß G metabelsch ist, bereits aus den übrigen dort gemachten Voraussetzungen folgt.

7.15 Satz.

Sei p der kleinste Primteiler von $|G|$ und H eine Untergruppe von der Ordnung p von G. Sei $G//H$ kommutativ. Dann ist G metabelsch.

Beweis. Sei G ein Gegenbeispiel von kleinstmöglicher Ordnung. Aus 7.9 c) folgt $H \leq G'$.

1. Fall: p = 2: Nach 7.12 b) ist G' eine 2-Gruppe. Also ist $|G' : G''| \geq 4$. Aus 7.12 a) folgt $HG'' \not\trianglelefteq G$. Die Anwendung von 7.13 auf G/G'' liefert $|G' : G''| = 4$. Nach Wahl von G ist G'' ein minimaler Normalteiler von G. Aus $1 < G'' \cap Z(G') \trianglelefteq G$ folgt $G'' \leq Z(G')$. Weil $H \not\leq G''$, existiert nach 7.9 c) ein abelscher Normalteiler A von G' mit $|G' : A| = 2$. Aus 7.4 a) ergibt sich $|G'| = 2|G''| \cdot |Z(G')|$, also

$$|Z(G')| = \frac{1}{2} |G' : G''| = 2.$$

Somit ist auch $|G''| = 2$, und damit $|G'| = 8$. Da G'' und H zwei verschiedene Untergruppen von der Ordnung 2 von G' sind, ist $G' \cong D_4$. Dies widerspricht 7.14.

2. Fall: p > 2: Nach 7.12 b), c) ist G nilpotent mit abelschem p-Komplement. Wegen der Minimalität von G ist daher G eine p-Gruppe. Sei $U \trianglelefteq G$ mit $|G : U| = p$. Dann ist U nicht abelsch, und es ist $H \leq G' \leq U$.

Angenommen, es ist $H \leq U'$. Da $U' \trianglelefteq G$ und da $U' \leq G' = H^G$ nach 7.12 a), ist $U' = G'$. Da $|U| < |G|$, ist U metabelsch. Folglich ist $U' = G'$ abelsch, was der Wahl von G widerspricht. Also ist $H \not\leq U'$.

Nach 7.9 c) besitzt U einen abelschen Normalteiler vom Index p. Also besitzt G eine abelsche Untergruppe vom

Index p^2. Da G eine p-Gruppe ist, sieht man leicht
([1], S. 17), daß G auch einen abelschen Normalteiler
vom Index p^2 besitzt. Also ist G metabelsch. G ist
doch kein Gegenbeispiel, w.z.b.w.

7.16 Wir erbringen den Beweis dafür, daß unter den Voraussetzungen von 7.2 b) die dort genannte Bedingung für
die Kommutativität von G//H notwendig ist.

Seien die Voraussetzungen von 7.2 b) erfüllt, und sei
G//H kommutativ. Nach 7.15 ist G metabelsch. Nach 7.11
und 7.13 ist $\mathcal{N}_G(H)$ ein abelscher Normalteiler vom Index
3 von G und G' ein elementar-abelscher Normalteiler von
der Ordnung 4 von G. Hieraus folgt $G' \cap Z(G) = 1$. Mit
7.4 a) ergibt sich $\mathcal{N}_G(H) = G'Z(G)$. Sei $c \in G \setminus \mathcal{N}_G(H)$.
Dann ist $c^3 \in Z(G)$. Setzt man $V = G'$ und $A = \langle c, Z(G) \rangle$,
so ist G das semidirekte Produkt von V mit A, das von
der in 7.2 b) beschriebenen Art ist.

7.17 Satz.

Sei $p > 2$ der kleinste Primteiler von $|G|$ und H eine
nicht-normale Untergruppe von der Ordnung p von G.
Sei G//H kommutativ. Dann haben alle irreduziblen
Darstellungen von G den Grad 1 oder p.
Beweis. Sei G ein Gegenbeispiel von kleinstmöglicher
Ordnung. Wegen 7.9 a) ist $H \leq G'$. Nach 7.15 ist G'
abelsch. Nach 7.12 b), c) ist G nilpotent mit abel-
schem p-Komplement. Da der Grad einer irreduziblen

Darstellung eines direkten Produktes zweier Faktoren
stets das Produkt des Grades einer irreduziblen Darstellung des einen Faktors mit dem Grad einer irreduziblen Darstellung des anderen Faktors ist ([7], V,
10.3), erzwingt die Minimalität von G, daß G eine p-
Gruppe ist.

1.) Es ist $|H^G| > p^2$.

Angenommen, es ist $|H^G| = p^2$. Dann ist $|G : \mathcal{N}_G(H)| = p$.
Nach 7.11 ist $\mathcal{N}_G(H)$ ein abelscher Normalteiler vom
Index p von G. Nach einem Satz von N. ITO ([7], V,
17.10) ist G doch kein Gegenbeispiel.

2.) Z(G) ist nicht zyklisch.

Angenommen, Z(G) ist zyklisch. Sei N der einzige mini-
male Normalteiler von G. Sei $s \in G \setminus \mathcal{N}_G(H)$. Da H in
der abelschen Gruppe G' enthalten ist, gilt $HH^s = H^s H$.
Da G//H kommutativ ist, ist HH^s ein G//H-Normalteiler
von G. Nach 4.4 ist $HH^s = HN$. Also gilt $H^g \leq HN$ für
alle $g \in G$. Also ist $|H^G| \leq |HN| = p^2$, im Widerspruch
zu 1.).

3.) Schluß des Beweises: Sei D eine irreduzible Darstellung von G. Da für jede irreduzible Darstellung
D einer p-Gruppe G stets Z(G/Ker(D)) zyklisch ist ([7],
S. 487, 15)), folgt aus 2.) Ker (D) > 1. Sei M ein minimaler Normalteiler von G mit $M \leq$ Ker(D). Nach 1.)
ist HM $\neq$ G. Daher ist HM/M $\neq$ G/M, und die Voraussetzungen des Satzes sind für G/M, HM/M erfüllt. Aus der Minimalität von G folgt, daß Grad(D) = 1 oder p, w.z.b.w.

Nach 7.9 a) bleibt die Aussage von Satz 7.17 auch
für p = 2 gültig, sofern man zusätzlich H $\nleq$ G' voraus-
setzt. Ist jedoch p = 2 und H $\leq$ G', so haben alle irreduziblen Darstellungen von G den Grad 1 oder 3, wie man
aus 7.2 b) und dem Satz von ITO ([7], V, 17.10) folgern
kann.

Die Tatsache, daß eine Gruppe G, die eine nicht-normale
Untergruppe H, deren Ordnung gleich dem kleinsten Primteiler p von G ist, enthält, so daß G//H kommutativ ist,
nur irreduzible Darstellungen vom Grad 1 oder p (bzw.
1 oder 3 im Fall p = 2 und H $\leq$ G') besitzt, ist auch
von selbständigem Interesse. Läßt man nämlich auch zu,
daß H ein Normalteiler ist, so kann man (vgl. 7.1)
für die Grade keine obere Schranke angeben. Während
also "große" kommutative Faktorgruppen keine Schranke
für die Grade der Darstellungen der Gruppe setzen,
werden durch "große" kommutative zweiseitige Nebenklassenringe bezüglich nicht-normalen Untergruppen diese Grade
entscheidend eingeschränkt.

Der Beweis von 7.2 wird nun abgeschlossen.

7.18 Wir erbringen den Beweis dafür, daß unter den Voraussetzungen von 7.2 c) die dort genannte Bedingung für
die Kommutativität von G//H notwendig ist.

I. Es ist $|G/Z(G)| = p^3$.

Nach 7.17 und 7.7 ist dies wahr, falls G keinen

abelschen Normalteiler vom Index p besitzt. Sei nun
U ein abelscher Normalteiler von G mit $|G : U| = p$.
Dann ist $H \leq G' \leq U$. Sei $g \in G \smallsetminus U$. Es ist $HH^g = H^g H$
ein G//H-Normalteiler. Aus 1.3 folgt $g \in \mathscr{W}_G(HH^g)$. Also
ist $HH^g \trianglelefteq \langle g, U \rangle = G$. Aus 7.12 a) ergibt sich
$|G'| = |H^G| = |HH^g| = p^2$. Nun folgt $|G/Z(G)| = p^3$ aus
7.4 a).

II. Da $H \leq G'$ und $H \nleq Z(G)$, ist $G/Z(G)$ nicht abelsch.

III. Es ist $\mathrm{Exp}(G/Z(G)) = p$.

Sei (H, G) ein Gegenbeispiel, so daß $|G|$ minimal ist.
Nach I. ist $\mathrm{Exp}(G/Z(G)) = p^2$. Dann existiert $U \leq G$ mit
$Z(G) \leq U$, so daß $U/Z(G)$ zyklisch von der Ordnung p^2 ist.
U ist abelsch, und es ist $H \leq G' \leq U$.

1.) Z(G) ist zyklisch. Ist N der minimale Normalteiler
von G, so ist $G' = HN$.

Sei N ein minimaler Normalteiler von G. Wäre $HN \ntrianglelefteq G$, so
wäre $HN/N \ntrianglelefteq G/N$, und folglich hätte $(G/N)/Z(G/N)$ die
Ordnung p^3 und den Exponenten p. Da $|G/Z(G)| = p^3$ ist,
wäre $G/Z(G) \cong (G/N)/Z(G/N)$ vom Exponenten p, im
Widerspruch zur Wahl von G. Also ist $HN \trianglelefteq G$ und nach
7.12 a) $G' = H^G = HN$. Da $H \ntrianglelefteq G$, folgt hieraus, daß N der
einzige minimale Normalteiler von G ist, womit 1.) be-
wiesen ist.

2.) Es existiert $x \in G$, so daß $\mathrm{Ord}(x) = p^2$ und
$U = \langle x \rangle \times Z(G)$.

Dies gilt, weil $U/Z(G)$ zyklisch von der Ordnung p^2 ist,
und weil $H \leq U$, $H \nleq Z(G)$, $|H| = p$.

3.) Es existiert $g \in G$, so daß $H = \langle (x^g)^p \rangle$.

Denn wegen $H \leq U$ ist nach 1.) und 2.)

$$\langle x^p, N \rangle = HN = G' = H^G.$$

Somit existiert $g \in G$, so daß $H = \langle x^p \rangle^g = \langle (x^g)^p \rangle$.

4.) Schluß des Beweises: Nach 3.) ist $H < \langle x^g \rangle$.

Also ist $\langle x^g \rangle$ ein $G//H$-Normalteiler. Aus 1.6 b) erhält

man $H \trianglelefteq G$, im Widerspruch zur Voraussetzung. Also ist

(H, G) doch kein Gegenbeispiel, w.z.b.w.

In Ergänzung zu dem eben Bewiesenen sei erwähnt, daß

die Gruppen G mit der Eigenschaft, daß $G/Z(G)$ eine nicht-

abelsche Gruppe von der Ordnung p^3 und vom Exponenten p

ist (p eine ungerade Primzahl), in vielen Fällen einen

abelschen Normalteiler vom Index p besitzen. (Nach 7.5 b)

ist dies gleichwertig zu $|G'| = p^2$.) Dies trifft stets

zu, wenn $|G| = p^4$ (vgl. [7], III, 12.6). Für $|G| = p^5$

ist dies nicht notwendig der Fall ([8], (4.3)).

8. Die Nicht-Einfachheit der Gruppen, die eine CS-Untergruppe von der Ordnung 2 besitzen

E. C. DADE hat in [5] als erster eine unendliche Serie von Nicht-CS-Untergruppen angegeben. Weitere Beispiele von Nicht-CS-Untergruppen sind, wie wir in diesem Abschnitt zeigen werden, die Untergruppen von der Ordnung 2 der einfachen nicht-abelschen Gruppen. Wir beweisen genauer: jede CS-Untergruppe H von der Ordnung 2 der endlichen Gruppe G ist in dem Normalteiler $O_{2',2}(G)$ von G enthalten (8.7). Der Beweis beruht auf der Tatsache, daß das Erzeugnis $\mathfrak{Z}_G(H)$ der zu H konjugierten und mit H vertauschbaren Untergruppen von G ein abelscher G//H-Normalteiler ist (8.5).

8.1 <u>Bemerkung.</u>

Sei $\langle a \rangle = H \leq G$, $|H| = 2$, und seien x, y $\in$ G. Es sind x und y G//H-konjugiert genau dann, wenn y' $\in$ HyH existiert, so daß x und y' in G konjugiert sind und xa und y'a in G konjugiert sind.

<u>Beweis.</u> Dies folgt sofort aus der Definition der G//H-Konjugiertheit (5.3), weil HxH = { x, x^a, xa, $(xa)^a$ }.

8.2 Lemma.

Sei $\langle a \rangle = H \leq G$, $|H| = 2$. Die Mengen

$$M := \bigcup_{\substack{g \in G \\ a^g \in \mathfrak{C}_G(a)}} Ha^g$$

$$\text{und } M_0 := \{ x \mid x \in \mathfrak{C}_G(a) \text{ und } x^2 = 1 \}$$

sind Vereinigungen von G//H-Konjugiertenklassen von G.

Beweis. Wir beweisen die beiden Aussagen zusammen. Es ist $M \subseteq M_0$. Da $M = HM = HMH$ und $M_0 = HM_0 = HM_0H$, ist $\underline{M} \in G//H$ und $\underline{M_0} \in G//H$. Seien x und y zwei G//H-konjugierte Elemente von G. Es ist zu zeigen: aus $x \in M$ bzw. M_0 folgt $y \in M$ bzw. M_0.

Nach 8.1 kann o.B.d.A. angenommen werden, daß x und y konjugiert sind und xa und ya konjugiert sind.

Sei $x \in M_0$. Dann ist $\mathrm{Ord}(y) = \mathrm{Ord}(x) \leq 2$ und $\mathrm{Ord}(ya) = \mathrm{Ord}(xa) \leq 2$. Daher ist $ya = (ya)^{-1} = a^{-1}y^{-1} = ay$, also $y \in M_0$.

Sei $x \in M \subseteq M_0$. Es kann o.B.d.A. vorausgesetzt werden, daß x und a konjugiert sind. Daher ist y ein zu a konjugiertes Element aus M_0, also $y \in M$, w.z.b.w.

Mittels Lemma 8.2 werden wir im folgenden G//H-Normalteiler konstruieren.

8.3 Korollar.

Sei H eine CS-Untergruppe von der Ordnung 2 von G. Dann ist $\langle \{ x \mid x \in \mathcal{N}_G(H) \text{ und } x^2 = 1 \} \rangle$ ein G//H-Normalteiler von G.

Beweis. Sei M_o definiert wie in 8.2. Nach 8.2 und 5.8 ist $\langle M_o \rangle = \langle \{ x \mid x \in \mathscr{N}_G(H) \text{ und } x^2 = 1 \} \rangle$ ein G//H-Normalteiler, w.z.b.w.

8.4 Definition.

Sei $H = \langle a \rangle$ eine Untergruppe von der Ordnung 2 von G. Mit $\mathscr{J}_G(H)$ werde die Untergruppe

$$\langle \{ a^g \mid g \in G \text{ und } a^g \in \mathscr{C}_G(a) \} \rangle$$

von G bezeichnet.

Falls H sogar eine CS-Untergruppe ist, lassen sich die Untergruppe $\mathscr{J}_G(H)$ und ihre Einbettung in G genauer beschreiben:

8.5 Lemma.

Sei H eine CS-Untergruppe von der Ordnung 2 von G. Dann ist $\mathscr{J}_G(H)$ eine G//H-normale elementar-abelsche 2-Untergruppe von G, und es existiert ein Normalteiler N von G, so daß $\mathscr{J}_G(H) = HN$.

Beweis. Wir setzen $J = \mathscr{J}_G(H)$. Sei M definiert wie in 8.2, also $J = \langle M \rangle$. Nach 8.2 und 5.8 ist J ein G//H-Normalteiler. Sei $g \in G$, so daß $a^g \in J$. Nach 1.3 ist $g \in \mathscr{N}_G(J)$. Da $a \in Z(J)$, ist $a^g \in Z(J)^g = Z(J^g) = Z(J)$. Somit ist J abelsch, und damit elementar-abelsch. Aus 4.5 folgt die Behauptung.

Unter der Voraussetzung, daß H nicht in $Z^*(G)$ enthalten ist, läßt sich 8.5 verschärfen.

8.6 <u>Lemma.</u>

Sei H eine CS-Untergruppe von der Ordnung 2 von G,
und sei H $\nleq$ $Z^*(G)$. Dann ist H < $\mathfrak{J}_G(H)$ und $(\mathfrak{J}_G(H))_G$ > 1.
Insbesondere ist $O_2(G)$ > 1.

<u>Beweis.</u> Ein Satz von G. GLAUBERMAN ([6], Cor. 1) be-
sagt: ist x ein Element der 2-Sylowgruppe S von G, so
ist x $\nleq$ $Z^*(G)$ genau dann, wenn ein zu x konjugiertes
Element y $\neq$ x mit y $\in$ $\mathfrak{C}_S(x)$ existiert. Aus diesem Satz
folgt H < $\mathfrak{J}_G(H)$. Der Rest ergibt sich aus 8.5.

Wir formulieren das Hauptergebnis dieses Abschnittes:

8.7 <u>Satz.</u>

Sei H eine CS-Untergruppe von der Ordnung 2 von G.
Dann ist H $\leq$ $O_{2',2}(G)$. Falls $|G|$ > 2, ist insbesondere
G nicht einfach.

<u>Beweis.</u> Sei (H, G) ein Gegenbeispiel, wobei $|G|$ mög-
lichst klein sein soll. Aus 5.7 folgt $O_{2'}(G)$ = 1.
Dann ist Z(G) = $Z^*(G)$ und $O_2(G)$ = $O_{2',2}(G)$. Es ist
H $\neq$ Z(G), denn sonst wäre H $\leq$ $O_2(G)$.
Wir setzen N = $(\mathfrak{J}_G(H))_G$. Nach 8.6 und 8.5 ist N ein
nichttrivialer abelscher Normalteiler von 2-Potenz-
ordnung von G. Es ist H $\nleq$ N, denn sonst wäre wiederum
H $\leq$ $O_2(G)$.

Seien Q und R definiert vermöge Q/N = $O_{2'}(G/N)$ und
R/N = $O_{2',2}(G/N)$. Wegen der Minimalität von $|G|$ ist
H $\leq$ R.

Da N eine in $Z(Q \cap \mathfrak{C}_G(N))$ enthaltene 2-Sylowgruppe
von $Q \cap \mathfrak{C}_G(N)$ ist, besitzt $Q \cap \mathfrak{C}_G(N)$ nach einem Satz
von Burnside ([7], IV, 2.6) ein normales 2-Komplement
T. Aus $Q \cap \mathfrak{C}_G(N) \trianglelefteq G$ folgt $T \trianglelefteq G$. Wegen $O_{2'}(G) = 1$
ist $T = 1$, d.h. $Q \cap \mathfrak{C}_G(N)$ ist eine 2-Gruppe.

Da jedes Element von ungerader Ordnung von R in Q
enthalten ist, ist mit $Q \cap \mathfrak{C}_G(N)$ auch $R \cap \mathfrak{C}_G(N)$ eine
2-Gruppe. Da $H \leq Z(\mathfrak{J}_G(H))$, ist $H \leq \mathfrak{C}_G(N)$. Also ist
$$H \leq R \cap \mathfrak{C}_G(N) \trianglelefteq G.$$
Somit gilt $H \leq O_2(G)$, und (H, G) ist doch kein Gegenbeispiel, w.z.b.w.

8.8 Korollar.

Sei G eine symmetrische oder eine alternierende Gruppe.
G besitzt eine CS-Untergruppe von der Ordnung 2 genau
dann, wenn $G = S_2$, S_3 oder A_4.

Beweis. I. G besitze eine CS-Untergruppe von der Ordnung 2. Aus 8.6 folgt, daß $G = S_n$ oder A_n mit $n \leq 4$.
Es bleibt zu zeigen: $G \neq S_4$.

Sei H eine Untergruppe von der Ordnung 2 von $G = S_4$. Sei
$V = \langle (12)(34), (13)(24) \rangle$ die Kleinsche Vierergruppe. Ist
$H \not\leq V = O_{2',2}(G)$, so ist H keine CS-Untergruppe von G nach
8.7. Sei nun $H \leq V$, etwa $H = \langle (12)(34) \rangle$. Wäre H eine CS-
Untergruppe von G, so wäre $P := \langle V, (12) \rangle$ nach 8.3 ein
G//H-Normalteiler. Da $H \leq V \leq P$, wäre P G//V-normal nach
1.2 b). Mittels 1.5 a) ergäbe sich der Widerspruch
$P \trianglelefteq G$.

II. Ist $G = S_3$ bzw. A_4, und ist $H \leq G$ mit $|H| = 2$, so
ist $G//H$ kommutativ nach 7.2 a) bzw. 7.2 b). Insbesondere ist H eine CS-Untergruppe von G, w.z.b.w.

9. Über die Anzahl der irreduziblen $G//H$-Charaktere im Fall $|H| = 2$

Charakteristisch für eine CS-Untergruppe H von G ist
die Eigenschaft, daß die Anzahl der irreduziblen $G//H$-
Charaktere gleich der Anzahl der $G//H$-Konjugierten-
klassen ist (5.5). Man weiß, daß für jede Untergruppe
H von G die Anzahl der $G//H$-Konjugiertenklassen nicht
kleiner als die Anzahl der irreduziblen $G//H$-Charaktere
ist (5.4). Doch weitere Abschätzungen für die Anzahl
der $G//H$-Konjugiertenklassen, mit deren Hilfe man ent-
scheiden könnte, ob H eine CS-Untergruppe ist, sind bis
jetzt nicht bekannt. Die Anzahl der irreduziblen
$G//H$-Charaktere läßt sich leichter erfassen, weil dabei
auf den bekannten Zusammenhang zwischen den Darstellungen von G und denen von $G//H$ zurückgegriffen werden
kann (5.1). In diesem Abschnitt werden Formeln für die-
se Anzahl im Fall $|H| = 2$ aufgestellt. Mittels dieser
Formeln wird die CS-Eigenschaft von H unter der Voraussetzung bewiesen, daß es eine gewisse (große) Menge von
Elementen von maximaler Klasse, d.h. solchen Elementen

g, für die die Nebenklasse gG' eine Konjugiertenklasse
ist, in G gibt (9.9).

9.1 Definition.

Sei H eine Untergruppe von der Ordnung 2 von G. Mit H_*^G
werde ein Normalteiler von G bezeichnet, für den
$H_*^G < H^G$ und $H^G = H_*^G H$ gelten.

Der Normalteiler H_*^G ist durch G und H eindeutig be-
stimmt, sofern er existiert: aus A, B $\trianglelefteq$ G und
AH, BH $\trianglelefteq$ G folgt [G, H] $\leq$ A $\cap$ B, also (A $\cap$ B)H $\trianglelefteq$ G. Ist
G überauflösbar, so existiert H_*^G, weil dann alle
Hauptfaktoren von G Primzahlordnung haben.

9.2 Lemma.

Sei H eine Untergruppe von der Ordnung 2 von G, und sei
D eine irreduzible Darstellung von G. Gleichwertig sind:
(i) H_*^G existiert, und es gilt $H_*^G \leq \mathrm{Ker}(D)$ und $H^G \not\leq \mathrm{Ker}(D)$.
(ii) $D|_{\mathbb{C}G//H} = 0$.

Beweis. Sei H = $\langle a \rangle$. Es bezeichne E die Einheitsmatrix,
deren Grad gleich dem Grad von D ist. Sei χ der zu D
gehörende Charakter von G.

(i) gilt genau dann, wenn a $\notin$ Ker(D) und aKer(D) $\in$
Z(G/Ker(D)). Dies ist gleichwertig zu D(a) = α E mit
einer von 1 verschiedenen zweiten Einheitswurzel α ,
also gleichwertig zu D(a) = -E und damit zu
$$D(\underline{H}) = D(1) + D(a) = 0.$$

Dies wiederum gilt genau dann, wenn $(1_H, \chi|_H) = 0$. Nach 5.1 ist dies zu (ii) gleichwertig, w.z.b.w.

Wir berechnen mittels Lemma 9.2 die Anzahl der irreduziblen G//H-Charaktere.

9.3 Korollar.

Sei H eine Untergruppe von der Ordnung 2 von G. Sei r die Anzahl der irreduziblen G//H-Charaktere von G.

a) Falls H_*^G existiert, so ist

$$r = k(G) + k(G/H^G) - k(G/H_*^G).$$

b) Falls H_*^G nicht existiert, so ist

$$r = k(G).$$

Beweis. Sei $D_1, \ldots, D_n$ ein vollständiges System von paarweise inäquivalenten irreduziblen Darstellungen von G. Nach 5.1 a) gilt für die Anzahl m der Darstellungen D_i mit $D_i|_{CG//H} = 0$ die Gleichung

$$m = n - r = k(G) - r.$$

a) Es existiere H_*^G. Nach 9.2 ist $m = k(G/H_*^G) - k(G/H^G)$, woraus man die Behauptung entnimmt.

b) Wenn H_*^G nicht existiert, so ist m = 0 nach 9.2. Daraus folgt r = k(G).

In einem Spezialfall erhalten wir:

9.4 <u>Korollar.</u>

Sei G eine nicht-abelsche einfache Gruppe, und sei H
eine Untergruppe von der Ordnung 2 von G. Die Anzahl
der irreduziblen G//H-Charaktere von G ist gleich der
Anzahl der irreduziblen Charaktere von G, also gleich
der Anzahl der Konjugiertenklassen von G. Die Anzahl
der G//H-Konjugiertenklassen von G ist größer als die
Anzahl der Konjugiertenklassen von G.

<u>Beweis.</u> Offenbar existiert H_*^G nicht. Die erste Aussage
folgt daher aus 9.3 b). Nach 8.7 ist H keine CS-Untergruppe von G. Daher ist (wegen 5.5 und 5.4) die Anzahl
der G//H-Konjugiertenklassen von G größer als die Anzahl der irreduziblen G//H-Charaktere von G, woraus
sich die zweite Aussage ergibt.

Falls zu H ein Komplement existiert, so läßt sich
die Formel von 9.3 a) vereinfachen.

9.5 <u>Korollar.</u>

Sei H eine Untergruppe von der Ordnung 2 von G, und
zu H existiere in G ein Komplement C. Dann gilt für
die Anzahl r der irreduziblen G//H-Charaktere von G
$$r = k(G) - k(C/H^G \cap C).$$

<u>Beweis.</u> Es ist $H_*^G = H^G \cap C$, $G/H^G = H^G C/H^G \cong C/H_*^G$ und
$G/H_*^G = H^G/H_*^G \times C/H_*^G$. Aus 9.3 a) ergibt sich
$$r = k(G) + k(C/H_*^G) - k(H^G/H_*^G \times C/H_*^G)$$

$$= k(G) + k(C/H_*^G) - 2\,k(C/H_*^G)$$

$$= k(G) - k(C/H_*^G),$$

womit 9.5 bewiesen ist.

9.6 Hilfssatz.

Zu der Untergruppe H von G existiere ein normales Komplement C in G. Seien $\mathfrak{X}_1$, $\mathfrak{X}_2$, ..., $\mathfrak{X}_s$ die in C enthaltenen Konjugiertenklassen von G. Dann sind die Mengen $\mathfrak{X}_i H$, $i = 1, ..., s$, die T-Klassen eines Schur-Ringes T über G, der in $Z(G//H)$ enthalten ist.

Beweis. Da $C \cap H = 1$, ist $\mathfrak{X}_i(H \smallsetminus 1) \subseteq G \smallsetminus C$, also $\mathfrak{X}_i \cap \mathfrak{X}_i(H \smallsetminus 1) = \emptyset$ und damit

$$\underline{\mathfrak{X}_i H} = \underline{\mathfrak{X}_i} + \underline{\mathfrak{X}_i(H \smallsetminus 1)} = \underline{\mathfrak{X}_i} + \underline{\mathfrak{X}_i}\,\underline{H \smallsetminus 1} \;.$$

Ferner gilt $(\underline{H \smallsetminus 1})^2 = (|H| - 1)\,1 + (|H| - 2)\,\underline{H \smallsetminus 1}$. Für alle $i, j \in \{1, ..., s\}$ folgt

$$\underline{\mathfrak{X}_i H}\;\underline{\mathfrak{X}_j H} = (\underline{\mathfrak{X}_i} + \underline{\mathfrak{X}_i}\,\underline{H \smallsetminus 1})(\underline{\mathfrak{X}_j} + \underline{\mathfrak{X}_j}\,\underline{H \smallsetminus 1})$$

$$= \underline{\mathfrak{X}_i}\,\underline{\mathfrak{X}_j} + 2\,\underline{\mathfrak{X}_i}\,\underline{\mathfrak{X}_j}\,\underline{H \smallsetminus 1} + \underline{\mathfrak{X}_i}\,\underline{\mathfrak{X}_j}\,(\underline{H \smallsetminus 1})^2$$

$$= \underline{\mathfrak{X}_i}\,\underline{\mathfrak{X}_j} + 2\,\underline{\mathfrak{X}_i}\,\underline{\mathfrak{X}_j}\,\underline{H \smallsetminus 1}$$

$$\qquad + (|H| - 1)\,\underline{\mathfrak{X}_i}\,\underline{\mathfrak{X}_j} + (|H| - 2)\,\underline{\mathfrak{X}_i}\,\underline{\mathfrak{X}_j}\,\underline{H \smallsetminus 1}$$

$$= |H|\,(\underline{\mathfrak{X}_i}\,\underline{\mathfrak{X}_j} + \underline{\mathfrak{X}_i}\,\underline{\mathfrak{X}_j}\,\underline{H \smallsetminus 1}).$$

Da $\underline{\mathfrak{X}_i}\,\underline{\mathfrak{X}_j}$ eine Linearkombination der Elemente $\underline{\mathfrak{X}_l}$, $l = 1, ..., s$, ist, folgt aus dem Bisherigen, daß $\underline{\mathfrak{X}_i H}\;\underline{\mathfrak{X}_j H}$ eine Linearkombination der Elemente $\underline{\mathfrak{X}_l} + \underline{\mathfrak{X}_l}\,\underline{H \smallsetminus 1} = \underline{\mathfrak{X}_l H}$, $l = 1, ..., s$ ist. Wegen $(\mathfrak{X}_i H)^{-1} = \mathfrak{X}_i^{-1} H$, $\bigcup_{i=1}^{s} \mathfrak{X}_i H = G$, $\mathfrak{X}_i H \cap \mathfrak{X}_j H = \emptyset$ für $i \neq j$ und $\underline{\mathfrak{X}_i} \in Z(\mathbb{Z}G)$ gilt die Behauptung.

In dem folgenden Satz wird ein Fall beschrieben,
wo der in 9.6 definierte Schur-Ring T gleich Z(G//H)
ist.

9.7 <u>Satz.</u>

Sei H eine Untergruppe von der Ordnung 2 von G, und
zu H existiere in G ein Komplement C. Ferner sei $C/H^G \cap C$
abelsch, und für alle $g \in G \smallsetminus C$ gelte

$$| G : \mathfrak{C}_G(g)| = |H^G \cap C|.$$

Dann ist H eine CS-Untergruppe von G.

<u>Beweis.</u> Seien $\mathfrak{X}_1, \ldots, \mathfrak{X}_s$ die in C enthaltenen Konju-
giertenklassen von G. Da für alle nicht in C enthaltenen
Konjugiertenklassen $\mathfrak{X}$ von G nach Voraussetzung
$|\mathfrak{X}| = |H^G \cap C|$ gilt, ist

$$s = k(G) - \frac{|G \smallsetminus C|}{|H^G \cap C|} = k(G) - \frac{|C|}{|H^G \cap C|}.$$

Nach 9.5 ist $Z(\mathbb{C}G//H)$ eine $\mathbb{C}$-Algebra von der Dimension
$k(G) - k(C/H^G \cap C) = k(G) - |C/H^G \cap C| = s$. Sei T der
in 9.6 definierte Schur-Ring über G. Aus dim(T) = s
und $T \subseteq Z(G//H)$ folgt T = Z(G//H). Mithin ist Z(G//H)
ein Schur-Ring über G. Hieraus folgt die Behauptung.

Jede Konjugiertenklasse einer Gruppe G ist in einer
Nebenklasse von G bezüglich der Kommutatorgruppe G' enthalten. Daher liegt die folgende Definition nahe.

9.8 <u>Definition.</u>

Ein Element g ∈ G heiße von <u>maximaler Klasse</u> (in G),
wenn für die Konjugiertenklasse $\mathcal{K}(g)$ von G, die g
enthält, gilt

$$\mathcal{K}(g) = gG'.$$

Diese Bedingung ist gleichwertig zu $|\mathcal{K}(g)| = |G'|$.
Ist g von maximaler Klasse in G, so ist $G' = g^{-1}\mathcal{K}(g) =$
$\{[g,x] \mid x \in G\}$. Insbesondere ist dann jedes Element
von G' ein Kommutator von G.

9.9 <u>Korollar.</u>

Sei H eine Untergruppe von der Ordnung 2 von G, und zu
H existiere in G ein Komplement C, so daß alle Elemente
von G ∖ C von maximaler Klasse sind. Dann ist H eine
CS-Untergruppe von G.
<u>Beweis.</u> Sei H = ⟨a⟩. Es ist $H^G = ⟨\{a^g \mid g \in G\}⟩ =$
⟨G'a⟩ = G'H. Also ist $H^G \cap C = G'$. Nun liefert 9.7 das
Gewünschte.

Ist C eine abelsche Untergruppe vom Index 2 von G,
so erkennt man mittels 7.4 a), daß alle Elemente von
G ∖ C von maximaler Klasse in G sind. Mit 7.3 folgt:
Sei H eine nicht-normale Untergruppe der 2-Gruppe G
mit |H| = 2, und sei G//H kommutativ. Dann existiert
zu H in G ein Komplement C, so daß alle Elemente von
G ∖ C von maximaler Klasse sind.
Schwieriger ist der Nachweis der folgenden Aussage:
Sei H eine nicht-normale CS-Untergruppe der 2-Gruppe

G mit $|H| = 2$, sei $G//H$ nicht kommutativ und gelte:
ist G^* eine echte Untergruppe von G oder ein nicht-
isomorphes epimorphes Bild von G, und ist K eine
CS-Untergruppe von der Ordnung 2 von G^*, so ist $G^*//K$
kommutativ. Dann existiert ebenfalls zu H in G ein
Komplement C, so daß alle Elemente von $G \smallsetminus C$ von maximaler Klasse sind.

Diese Ergebnisse veranlassen die Frage, ob die Umkehrung von 9.9 gültig sei: existiert etwa immer, wenn H
eine nicht-normale CS-Untergruppe der 2-Gruppe G mit
$|H| = 2$ ist, zu H ein Komplement C in G, so daß alle
Elemente von $G \smallsetminus C$ von maximaler Klasse sind? Dies ist
jedoch nicht der Fall. Es braucht zu H kein Komplement
in G zu existieren. Doch selbst wenn es ein solches
gibt, existiert nicht notwendig eines mit den gewünschten Eigenschaften. Nicht einmal das erzeugende Element
von H ist notwendig von maximaler Klasse in G. (Ein
Beispiel hierfür sind die im folgenden Abschnitt in
10.2 definierten Gruppen $H \leqq G$.)

Schließlich sei noch auf eine Besonderheit der CS-
Untergruppen von der Ordnung 2 hingewiesen: Ist H eine
CS-Untergruppe von der Ordnung 2 der nilpotenten Gruppe
G, so ist jeder $G//H$-Normalteiler das Produkt von H mit
einem Normalteiler von G. Dies folgt aus 4.7 b), denn
(siehe Abschnitt 5) für CS-Untergruppen H von G bilden
die $G//H$-Normalteiler stets einen Verband.

10. Ein Defekt des Begriffs der CS-Untergruppe

In 5.7 wurde gezeigt, daß die Eigenschaft einer
Untergruppe, eine CS-Untergruppe zu sein, erhalten
bleibt beim Übergang zu Faktorgruppen. Eine andere
Vererbungseigenschaft, nämlich die Vererbung auf
Untergruppen, gilt hier jedoch nicht: ist
$H \leq U \leq G$, und ist H eine CS-Untergruppe von G, so
ist nicht notwendig H eine CS-Untergruppe von U. Im
folgenden werden wir eine 2-Gruppe G mit einem Normalteiler U und einer minimalen Untergruppe H definieren,
wo dieser Mangel auftritt.

Zur Vorbereitung beweisen wir ein Lemma, das unter
einer speziellen Voraussetzung notwendige und hin-
reichende Bedingungen für die CS-Eigenschaft einer
Untergruppe angibt.

10.1 Lemma.

G besitze einen abelschen Normalteiler N vom Index 2.
Sei H eine nicht-normale Untergruppe von der Ordnung
2 von G mit $H \leq N$. Dann gilt:

a) Für alle $u \in N$ ist $\mathfrak{C}_{G//H}(u) = Hu$.

b) Gleichwertig sind:

    (i)   H ist eine CS-Untergruppe von G.

    (ii)   G//H ist kommutativ.

    (iii) $|G : Z(G)| = 4$.

    (iv) $|G'| = 2$.

Beweis. a) Sei $H = \langle a \rangle$, und sei $u \in N$. Es ist

$Hu = HuH \subseteq \mathfrak{C}_{G//H}(u)$.

Angenommen, es ist $Hu \neq \mathfrak{C}_{G//H}(u)$. Nach 8.1 existiert $v \in G \setminus Hu$, so daß u und v in G konjugiert sind und ua und va in G konjugiert sind. Weil N abelsch und $|G : N| = 2$ ist, folgt hieraus $u^g = v$ und $(ua)^g = va$ für alle $g \in G \setminus N$. Daher ist

$$a^g = a \quad \text{für alle } g \in G \setminus N,$$

also $H = \langle a \rangle \trianglelefteq G$, im Widerspruch zur Voraussetzung. Somit ist $\mathfrak{C}_{G//H}(u) = Hu$.

b) (i) $\Longrightarrow$ (iv): Sei H eine CS-Untergruppe von G. Für alle $x \in G$ ist dann $\mathfrak{C}_{G//H}(x) \in Z(G//H)$. Sei $u \in N$ und $g \in G \setminus N$. Wegen a) gilt $\underline{Hu} = \mathfrak{C}_{G//H}(u) \in Z(G//H)$, also

$$H^G g \cdot Hu = Hu \cdot H^G g,$$
$$H^G gu = H^G ug,$$
$$[g, u] \in H^G.$$

Folglich ist $G' \leq H^G$. Nach 7.10 ist $H \trianglelefteq G'$. Aus $|H^G| = |HH^g| = 4$ ergibt sich daher $|G'| = 2$.

(iv) $\Longrightarrow$ (iii): gilt nach 7.4 a).

(iii) $\Longrightarrow$ (ii): Ist (iii) erfüllt, so ist $G/Z(G)$ elementar-abelsch von der Ordnung 4. Da $H \trianglelefteq Z(G)$, existiert zu H in G ein abelsches Komplement. Dann ist $G//H$ kommutativ.

(ii) $\Longrightarrow$ (i): ist trivial.

Wir konstruieren nun das angekündigte

10.2 Beispiel.

Für $i = 1, 2$ sei $G_i = \langle s_i, t_i, x_i \rangle$ mit den definierenden Relationen

$$s_i^2 = t_i^2 = x_i^2 = [s_i, t_i] = 1, \quad s_i^{x_i} = t_i .$$

(G_i ist eine Diedergruppe von der Ordnung 8.) Seien

$$G = G_1 \times G_2 ,$$
$$H = \langle s_1 \rangle$$
$$\text{und} \quad U = \langle s_1, t_1, s_2, t_2, x_1 x_2 \rangle .$$

(Es ist $|G : U| = 2$.) Dann gilt:

a) H ist eine CS-Untergruppe von G.

b) H ist keine CS-Untergruppe von U.

Beweis. a) Nach 6.2 b) genügt es nachzuweisen, daß 6.2 (1), (2), (3) gelten. Es ist $\mathcal{N}_G(H) = \langle s_1, t_1, s_2, t_2, x_2 \rangle$ ein Normalteiler von G vom Index 2, und es ist $H^G = \langle s_1, t_1 \rangle$ von der Ordnung 4. Also gelten 6.2 (1), (2).

Aus $[G, \langle x_1 \rangle] = \langle s_1 t_1 \rangle \leq H^G$ folgt $H^G g^{x_1} = H^G g$ für alle $g \in G$. Wegen $G = \mathcal{N}_G(H) \cdot \langle x_1 \rangle$, erhält man hieraus

$$H^G \mathcal{X} = H^G \mathcal{X}^x$$

für alle Konjugiertenklassen $\mathcal{X}$ von $\mathcal{N}_G(H)$ und alle $x \in G$. Daher gilt 6.2 (3).

b) Es ist $\langle s_1, t_1, s_2, t_2 \rangle$ ein abelscher Normalteiler vom Index 2 von U, welcher H enthält. Ferner ist $U' = \langle s_1 t_1, s_2 t_2 \rangle$ von der Ordnung 4, und es ist $H \ntrianglelefteq U$. Nach 10.1 b) ist H keine CS-Untergruppe von U, w.z.b.w.

Literatur

[1] ALPERIN, J. L.: *Large abelian subgroups of p-groups*. Trans. Am. Math. Soc. 117, 10–20 (1965).

[2] BASTIAN, N., BREWER, J., MISSELDINE, A.: *On Schur Rings Over Infinite Groups*. arXiv:1806.07010v1 [math.GR] 19 June 2018, 1–10 (2019).

[3] BRODKEY, J. S.: *A note on finite groups with an Abelian Sylow group*. Proc. Am. Math. Soc. 14, 132–133 (1963).

[4] BUSEKROS [d. i. WÖRZ-BUSEKROS], A.: *Halbgruppentheoretische Untersuchungen der Schur-Halbgruppen*. Diss. Tübingen 1972.

[5] DADE, E. C.: *Counterexamples to a conjecture of Tamaschke*. J. Algebra 11, 353–358 (1969).

[5'] FRAME, J. S. und TAMASCHKE, O.: *Über die Ordnungen der Zentralisatoren der Elemente in endlichen Gruppen*. Math. Z. 83, 41–45 (1964).

[6] GLAUBERMAN, G.: *Central elements of core-free groups*. J. Algebra 4, 403–420 (1966).

[7] HUPPERT, B.: *Endliche Gruppen I*. Springer: Berlin/Heidelberg/New York 1969.

[8] ISAACS, I. M., and PASSMAN, D. S.: *Groups whose irreducible representations have degrees dividing p^e*. Illinois J. Math. 8, 446–457 (1964).

[9] LOWSKY, M.: *Nachträge. I*. In: [20], 229–231 (1970).

[10] ROESLER, F.: *Darstellungstheorie von Schur-Algebren*. Math. Z. 125, 32–58 (1972).

[11] SCHUR, I.: *Zur Theorie der einfach transitiven Permutationsgruppen*. Sitzungsber. Preuss. Akad. Wiss. Berlin. Phys.-math. Klasse, 598–623 (1933). Wieder in: *Gesammelte Abhandlungen. III*. Springer: Berlin/Heidelberg/New York, 266–291 (1973).

[12] TAMASCHKE, O.: *Zur Theorie der Permutationsgruppen mit regulärer Untergruppe. I. II*. Math. Z. 80, 328–354 und 443–465 (1963).

[13] TAMASCHKE, O.: *S-Ringe* [d. h. Schur-Ringe] *und verallgemeinerte Charaktere auf endlichen Gruppen.* Math. Z. 84, 101–119 (1964).

[14] TAMASCHKE, O.: *S-Rings* [i. e. Schur-Rings] *and the irreducible representations of finite groups.* J. Algebra 1, 215–232 (1964).

[15] TAMASCHKE, O.: *A generalized character theory on finite groups.* Proc. Intern. Conf. Theory of Groups. Austral. Nat. Univ. Canberra, Aug. 1965, 347–355. Gordon & Breach Science Publ., Inc. 1967.

[16] TAMASCHKE, O.: *A generalization of normal subgroups.* J. Alg. 11, 338–352 (1969).

[17] TAMASCHKE, O.: *A generalization of subnormal subgroups.* Arch. Math. 19, 337–347 (1968).

[18] TAMASCHKE, O.: *On the theory of Schur-Rings.* Ann. mat. pura appl. IV, 81, 1–43 (1969).

[19] TAMASCHKE, O.: *Permutationsstrukturen.* B. I. Hochschulskripten 710/710a. Bibliographisches Inst.: Mannheim/Wien/Zürich 1969.

[20] TAMASCHKE, O.: *Schur-Ringe.* B. I. Hochschulskripten 735/735a. Bibliographisches Inst.: Mannheim/Wien/Zürich 1970.

[21] TAMASCHKE, O.: *On Schur-Ringe which define a proper character theory on finite groups.* Math. Z. 117, 340–360 (1970).

[22] TRAVIS, D.: *Spherical functions on finite groups.* Doctoral thesis, Columbia University [of New York], 1968.

[23] WIELANDT, H.: *Zur Theorie der einfach transitiven Permutationsgruppen.* Math. Z. 40, 582–587 (1935).

[24] WIELANDT, H.: *Zur Theorie der einfach transitiven Permutationsgruppen. II.* Math. Z. 52, 384–393 (1949).

[25] WIELANDT, H.: *Über die Existenz von Normalteilern in endlichen Gruppen.* Math. Nachr. 18, 274–280 (1958).

[26] WIELANDT, H.: *Finite permutation groups.* Academic Press: New York/London 1964.